愿你收获舍心、慈心、开心♥

李婷Balinda

当焦虑不安遇上情绪稳定

河豚小姐跟卡皮巴拉学正念

李婷 —— 著

李子双 —— 绘

机械工业出版社

CHINA MACHINE PRESS

本书采取了焦虑不安的河豚小姐和情绪稳定的卡皮巴拉先生两个人物形象，通过讲故事的方法，用通俗易懂和具有场景化的语言向读者阐释：什么是正念？正念有什么用？如何在日常生活中练习正念？对实际生活会带来什么影响？本书从读者们的"实际问题"出发，学习周期只有七天，并为以下常见生活中的问题提供解决方案：失眠、拖延症、社恐、催婚、外貌焦虑、手机过度依赖、容易发火，以及内卷和空虚。

这是一本图文并茂的温馨治愈的小书，附赠冥想练习音频，来帮助读者对正念冥想有初步的认识，并通过不断地练习正念来帮助自己和家人减轻抑郁焦虑、改善睡眠、提高专注力、提升幸福感。

图书在版编目（CIP）数据

当焦虑不安遇上情绪稳定：河豚小姐跟卡皮巴拉学正念 / 李婷著；李子双绘. -- 北京：机械工业出版社，2025．5. -- ISBN 978-7-111-78356-5

Ⅰ．B842.6-49

中国国家版本馆 CIP 数据核字第 2025MS0277 号

机械工业出版社（北京市百万庄大街22号　邮政编码100037）
策划编辑：欧阳智　　　　　　　　　　　责任编辑：欧阳智
责任校对：卢文迪　赵　童　景　飞　　责任印制：单爱军
北京瑞禾彩色印刷有限公司印刷
2025 年 7 月第 1 版第 1 次印刷
130mm×185mm · 10.125 印张 · 2 插页 · 139 千字
标准书号：ISBN 978-7-111-78356-5
定价：79.80 元

电话服务　　　　　　　　　网络服务
客服电话：010-88361066　机　工　官　网：www.cmpbook.com
　　　　　010-88379833　机　工　官　博：weibo.com/cmp1952
　　　　　010-68326294　金　书　网：www.golden-book.com
封底无防伪标均为盗版　机工教育服务网：www.cmpedu.com

河豚小姐

　　一枚普通的上班族，妥妥的"i人"[⊖]，背景、资历和家境均普通，尚且能够自力更生。她的生活看上去平平淡淡，但常常失眠、焦虑，跟许多同龄人一样，单身，被催婚，有点拖延症和"社恐"，生活并不开心，希望通过学习正念有所转变。

　　⊖　具有内向型人格的人。

▲

卡皮巴拉（简称卡老师）

　　平时的生活如闲云野鹤，喜欢做手冲咖啡、听古典音乐、晒太阳。在朋友们眼中，他总是情绪稳定、逍遥自在，据说是因为练习正念多年，向他请教的人多了，也开始讲讲正念冥想，江湖人称"卡老师"，擅长帮助"卷王"们找到人生的松弛感。

　　这是一本用于心理疗愈、减轻压力和焦虑的"自助工具书",也是一本介绍正念冥想的科普读物。如果你对正念冥想跃跃欲试,不妨翻开本书、打开音频、跟着练习;又或是你还不知道正念是什么,想要先了解一下,也可以选取所需要的内容阅读。

　　本书包含了常见心理和情绪问题的背景知识介绍、与之对应的正念冥想练习、关联的神经科学知识,以及在生活中实践正念的方法;建议每天抽出半个小时,以七天为一周期,循序渐进地学习并练习正念。当然,也可以不用从头开始阅读，而是直接进入感兴趣的话题，按照自己的时间和节奏来安排，随时暂停、随时回来，还可以选择重点章节来反复练习某个正念冥想。我们提供了七个正念冥想练习的音频，你可以跟随音频自行练习，我们还附上了音频练习的引导语，方便你带领家人、朋友一起练习。

目录

河豚小姐作为一枚职场新人，平时得看老板脸色，有时候还会被老员工"欺负"，需要忍气吞声、战战兢兢地维持着这份工作。为了提升自己，她平时利用空余时间进行各种学习，但是效率也不高，有投入、无产出，就这样，每天忙忙碌碌，仿佛有干不完的活、加不完的班、熬不完的夜。

步入职场没几年，河豚小姐的颈椎已经出现了问题，如大部分"脆皮打工人"那般身心俱疲，常常患得患失，对不确定的未来感到焦虑不安……今年开始，河豚小姐发现自己经常失眠，还得了干眼症，白天专注力越来越差，工作效率也不高，在生活中，对待家人、朋友时容易发火、脾气暴躁，仿佛年纪轻轻就亚健康了。

河豚小姐的闺密都看不下去了，打听下来，得知有一位同样来自海洋省的老乡卡皮巴拉是一位正念大师，据说擅长帮助失眠和长期焦虑的人，于是闺蜜安排了河豚小姐跟卡皮巴拉大师一起喝咖啡。

听说你是正念大师，大家都特别羡慕你能活得这么自在、松弛，怎样才能做到呢？

很简单，吃吃、睡睡、晒太阳、喝咖啡、拒绝无效社交……"若无闲事挂心头，便是人间好时节"。什么"内卷""精神内耗"，这一类词都不在我的字典里。

那有点厉害啊。现在社会这么"卷"，未来又充满了不确定性，咋可能做到不着急上火呢？

听起来，你是有什么烦恼吗？

是的，跟你见面就是想聊聊这方面的话题。我现在经常失眠，上班无精打采，一点小事就让我心烦意乱。

理解，失眠的确很痛苦，我也经历过。晚上没有休息好，白天做什么事情都烦躁！

原来你也经历过啊，那后来怎么好起来的呢？

我确实花了点时间去调整，也摸索了一些不同的方法，尝试下来，目前比较推荐的是正念冥想，要不你也试试？亲测对失眠有立竿见影的作用。

我听说过"正念冥想"，在欧美很火，但不知道那是什么意思。

先插一句，河豚小姐，你会经常抽空锻炼身体吗？

当然，身体是革命的本钱，而且我希望保持好身材，所以我再忙也会抽时间锻炼身体。我喜欢跑步和游泳，最近还开始学习瑜伽了呢！

看来你很重视身心健康！那你相信身心是一体的吗？

我当然相信，对此我有亲身体验！比如说，只要感到焦虑我就会胃疼，我认为情绪会对身体造成影响。

是的，为了保持身体健康，我们会通过运动来健身。另外，我们的心灵也可能会感冒，大脑也可能会生病，正念冥想就是健心和健脑的一种方式。

赞同。那么，正念是什么呢？能不能用一句话把正念解释清楚？

根据我个人的体会，正念是感知自己的身体和心灵，对当下保持觉知。

听上去好复杂，心灵如何能被感知？当下又是什么，怎样去保持觉知？

这确实不好用语言描述！单纯用概念来解释正念是什么，或许是苍白无力的；要知道，知识是通过头脑思考来获取的，而智慧则是通过亲身体验来证明的。可以说，正念不仅仅是知识，也是一种大智慧。

唉，那我觉得我没法学会这种"大智慧"！

古人说，我们都是"本自具足"的，放心，你本来就拥有正念的能力，不信你跟我一起来试试。

开始吧！初识正念

现在，请把注意力放到呼吸上。

吸气，发现肚皮鼓起来。

呼气，观察到肚皮缩回去。

再次吸气，肚皮鼓起来。

呼气，肚皮缩回去。

留意吸气的长度、呼气的长度。

这个"观呼吸"我做过，是练习瑜伽时老师教的，这就是正念冥想？

观呼吸的确是正念冥想的一种方法。而练习正念冥想还有很多种方法。

好吧，但我不太擅长打坐呀，而且也坐不住，那个对我来说太难了。

亲爱的，正念不需要打坐，你看我这体型能盘腿吗？哈哈！躺着、站着、走着，甚至吃饭、跟人聊天时都能练正念，用什么样的姿势都可以。

那就好！我很好奇，正念的"正"，到底是指什么？

哈哈！很多人都问过我这个问题，其实无须从字面去拆解"正念"的含义，不过需要知道，"正"不是指"正面""正向"或"正确"。

那么，冥想到底"想"什么呢？

好问题！不是"想"，而是"观察"，从自己的身体、心理活动到外界事物都是观察的对象。

听上去挺复杂的呢，我也不确定这个方法是否适合我！有人把正念形容得天花乱坠，也有人说不管用。我怎么才能判断这个对我管不管用？

每个人的情况确实不同。根据科研结果，正念能够帮到大多数人，从神经科学的角度来看，在练习正念冥想一段时间后，大脑会发生改变。[1, 2]要不你试试？反正也不会有任何损失，没有副作用。

这个难学吗？老实说，我现在的状态不太好，而且也很忙。我不知道自己喜不喜欢这个方法。

是的，就好比吃榴梿，有人特别喜欢，有人特别讨厌，只是听别人说，你不亲自"品尝"一下，永远不会知道自己是不是喜欢那个味道。如果你愿意抽些时间来照顾自己的身心，可以考虑来"品尝"正念。

我非常有意愿，所以今天才约你来讨教的。

听你说自己很忙，那要不咱们先练习七天？我有一套"七天正念指南"，可以作为参考，每天你过来找我一次，咱俩一起学习正念。

太感谢了！我可以再问几个问题吗？

当然可以。

关于正念冥想的
八个快问快答

1. 正念和冥想有什么区别?

答：冥想是一种修炼身心的方式，通过冥想可以达到正念的状态。

2. 正念冥想跟其他冥想有什么区别?

答：冥想有很多种类，而正念冥想是被科研证实有效性最高的其中一种[3]。

3. 正念和心理学有什么关联?

答：正念是认知行为疗法的第三次浪潮的核心技术，目前广泛运用于心理治疗。

4. 正念需要达到某种境界吗?

答：不需要试图去达到什么境界，更强调在实际生活中去实践正念。

5. 正念是只能有正面的念头还是消除念头？

答：两者都不是，而是看着念头的来来去去（任何念头，无论正面还是负面）。

6. 正念跟佛教有关吗？

答：最早来源于佛教，正念还包含了中国传统文化中的古老智慧以及当代心理学。

7. 练习正念多久过后会有效果？

答：因人而异，取决于你想达到怎样的"效果"，有几个长期失眠和焦虑的小伙伴练习一周后就好多了。

8. 开始正念前，我需要准备什么吗？

答：不需要准备任何物质上的东西，把心中的杯子倒一倒、清空再来就更好了。

谢谢！这七天的正念学习有什么具体安排吗？

我会陪伴你一起探索如何在生活中结合正念，也会每天带你做一个正念冥想练习。每个练习都有配套音频，回家也能自己练。另外，每天还有"打卡"活动，让你可以用不同的工具来做正念书写。

我很期待，可以从明天开始吗？

好的，明天见。

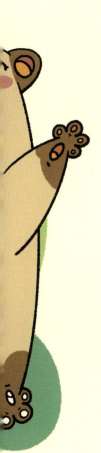

第 **1** 天

躺着练正念

应对失眠

正念练习能让大脑安静下来，
让人进入更深的睡眠。

——睡眠心理学家谢尔比·哈里斯
（Shelby Harris）博士

卡老师，我今天可能没法好好学习正念了！你看我这黑眼圈……我昨晚失眠了，没怎么睡，现在没精神做任何事情。

怎么了，昨晚有特别的情况发生吗？

并没有什么特殊情况，哎！失眠也是我的常态了，总感觉睡眠不足，所以白天无精打采，什么事也做不好……

没事，缺觉是现代人的普遍问题，不是只有你这样。100个人里面有99个人都缺乏睡眠，反正睡够了的那百分之一的人不是我！那么，昨晚躺在床上睡不着的时候，你在做什么呢？

没做什么，就是躺着，在努力尝试睡着。

你做了哪些尝试，你是怎么努力的呢？

我戴了眼罩，还放了所谓的助眠音乐，但是，前段时间这还有点用，现在已经不管用了！卡老师，快给我传授一个"正念法宝"吧，最好是那种正念冥想音频，听着就能睡着的。

原来如此，我听别的朋友分享过一个情况，就是长期听一些音频就会形成依赖，反而后面再听都不管用了。正念冥想音频也是类似的，或许刚开始能助眠，但后面会有同样的"失效"情况。

看来睡觉靠"努力"不一定管用。那有什么方法能解决睡不好的问题呢？

改善睡眠的方法是有的，不着急，咱们先来复盘一下昨天你失眠的情况。能否回忆回忆，当你睡不着的时候，有没有留意到当时的感受？

我留意到自己很着急，心里盘算着，如果晚上睡不好，白天上班就会打瞌睡！我希望自己能赶紧睡着，不然白天会没精神，耽误事。可是，我越这么想，越着急，然后变成了烦躁，后面就是无尽的沮丧。

没关系，要知道，失眠不是你个人的过错，据说，43%的人至少每个月会有一次因为压力在夜晚失眠。我自己也是其中一员呢！偶尔睡不着很正常，不是只有你这样。要说造成失眠的因素，是多方面且因人而异的。通常来说，除了生活的压力和烦恼，失眠也跟智能手机等电子设备的广泛使用有关。许多人在睡前长时间盯着屏幕，电子屏幕发出的蓝光会抑制褪黑素的分泌，影响入睡。当然，大部分人容易失眠最主要的还是心理因素。

我从来没分析过是什么因素造成了自己失眠，几个同事也都说常常睡不好。这的确很痛苦，我要不要借助药物呢？

你也知道，药物都是有副作用的。如果情况没那么紧迫，或许练习正念是更好的选择。

这个问题挺突出的，我想尽快解决，因为我很不喜欢失眠的感受。

失眠的确很难受，但也不用把失眠当作敌人。其实，越是反抗，越容易引起抑郁和焦虑情绪，从而让情况变得更糟糕。每一位经历过失眠的痛苦的人都知道，你越躺在那里强迫自己入睡，就越睡不着，这个滋味我自己也是体验过的。
咱们再继续复盘，昨晚失眠的时候，你留意到任何身体的感觉了吗？

我感觉到身体发热，比平时白天更热，翻来覆去，觉得什么姿势都不舒服。

那么，当时你的脑子里还在想事情吗？

是的，脑子里还在不停地想白天发生的一连串事情，就像电影一样自动播放，越想越沮丧。

每次当你睡不着的时候，脑子里都是这些负面的、让你感到沮丧的念头吗？

对啊，每次夜晚往床上一躺，脑子就开始不自觉地想事情，尤其是不好的、负面的事情都蹦出来了……完全不受我指挥，然后全身上下都不舒服，这样怎么可能睡着呢？

了解，我们都一样，因为大脑有"负性倾向"，容易去关注负面的消息，我们也更容易感受到负面情绪，并且负面情绪比积极情绪更为强烈和持久。可以说，我们天生就有一颗"悲观"的大脑。

你有没有发现自己更容易记住不开心的事情？那是因为我们的大脑有这种负面记忆偏向，更容易记得负面的经历和情感，而这样的大脑可以帮助我们避免未来可能出现的风险和伤害，当然，也可能导致过度担忧和焦虑，特别是对于那些容易受负面情绪影响的人。

是的，我就是个悲观主义者！原来这是大脑本来的构造啊！看来失眠不仅仅是生理层面的，还有心理层面的呢！

的确如此。造成失眠的因素主要有两方面，生理因素和心理因素，比如换了床睡不着、喝了咖啡睡不着，那是生理因素，而大部分时候失眠其实是心理因素导致的。

睡眠问题总体来说跟我们的神经系统有关。无论是因为工作中承受的巨大压力、遇到的困难和挫折、产生的焦虑情绪，还是因为开心的事情而产生的兴奋，都会导致我们的神经系统功能出现短暂的异常，进而引起失眠的症状。

听上去好复杂啊，然而，我也改变不了自己的神经系统啊！我感到自己一无是处，连睡觉都做不好，我实在太失败了！卡老师，我觉得自己好孤独、无助，并且，没有人关心我……

我相信有很多朋友都关心你，我也是站在你这边的，非常想帮助你。我们先暂停讨论，休息片刻，我送你一个小礼物。

亲爱的，打开看看。

打开后不自觉地闻了闻：好香啊！

觉得香，那就再仔细地吸嗅和品味。

嗯，这是什么味道呢……像是我最喜欢的某种花。闻着好舒服呀！

还可以闭上眼睛通过深吸气去闻，如果喜欢这个味道，就允许自己去沉浸其中。

对，这是薰衣草！

正念闻香

请准备好用于闻香的物品。

鲜花、沉香、精油或任何有香气的物品。

先保持一段距离，去吸嗅任何气味。

然后拿到手里，凑近鼻孔。

深深地吸气，感受它的气味。

觉察气味的品质、特征。

凑近左鼻孔，停留几次呼吸。

换到右鼻孔，再闻一下，看看有没有什么不同。

如果需要，可以闭上眼睛静静地感受气味。

就这样继续细嗅，留意气味的变化。

允许此刻有任何的体验。

准备好之后，睁开眼睛，结束练习。

这个薰衣草精油送给你，可以帮助你放松神经系统，睡不着或心情低落的时候，可以像刚才那样，做一次"正念闻香"。

我很喜欢这个礼物，十分感谢！刚才我做的这个"闻香"的动作也算正念练习吗？

是的，可以用任何有香气的东西来练习"正念闻香"，只需要几分钟甚至几十秒的时间，专注地细嗅、允许自己去体验，就可以了。今天我们用的这个薰衣草精油很适合你，相关研究表明，薰衣草具有镇静和助眠的作用，[4]而正念练习有助于放松神经系统。[5]

另外，精油是非常便捷的正念闻香的小工具。某些精油的香味可以影响大脑中的神经递质，从而改善情绪、缓解压力并促进睡眠，加上正念的方式更加事半功倍。

太好啦！谢谢你！我感觉正念地细嗅了薰衣草精油后，心情确实平复一点了。但是，我过会儿要去参加一个会议，现在还是感到很困，提不起精神，我对自己感到无能为力，很沮丧。

没事，有办法的！我再送你一个甜橙精油，这款精油是可以用来提神的。另外，你是否愿意跟我一起做一个"提神呼吸法"的正念练习呢？

好的，我愿意尝试。但是，我待不了多久就该走了，来得及吗？

没问题，只需要三分钟，这是一种常见的瑜伽呼吸技巧，可以平衡左右脑，增强注意力，并迅速减少焦虑。

提神呼吸法

找到一个舒适的坐姿，保持脊背挺直，双手放在膝盖上。

缓缓地举起右手（左撇子可以用左手）。

用右手的大拇指轻轻按住右鼻孔，深深地从左鼻孔吸一口气。

紧接着，用中指或无名指按住左鼻孔，松开右鼻孔，从右鼻孔呼气。

就这样，重复几次后，换为左鼻孔呼气、右鼻孔吸气。

同样地，按住左鼻孔，用右鼻孔吸气，然后，松开左鼻孔，按住右鼻孔，从左鼻孔呼气。

继续这种交替呼吸的模式，直到感觉精力水平得到提升。

请记住，随时随地都可以做这个练习，没有时间限制。

从哪个鼻孔开始都可以，自由地在左右两个鼻孔之间进行切换。

"提神呼吸法"源自古印度的瑜伽传统，原名叫"鼻孔交替呼吸法"，梵文是 nadi shodhana，是瑜伽练习中常见的呼吸技术之一。"nadi"指的是通道，"shodhana"意为净化或清洁。交替使用两个鼻孔呼吸有助于平衡大脑的左右半球，促进身心和谐。

日常生活中多做"提神呼吸法"好处多多，包括：

1. 减轻压力和焦虑：这种呼吸法能够激活副交感

神经系统，降低心率和血压，从而减轻压力和焦虑。

2. 促进注意力集中和思维清晰：规律的呼吸模式有助于提高注意力和集中力，使思维更加清晰。

3. 改善呼吸系统：有助于清洁和净化呼吸道，提高肺功能和呼吸效率。

4. 提高能量水平：通过深度和有节奏的呼吸，增加体内的氧气供应，提高整体能量水平。

5. 促进情绪稳定：有助于情绪的稳定和平衡，减少情绪波动。

6. 增强免疫力：有助于提高身体的免疫功能，增强抵抗力。

太神奇了，我现在感觉到神清气爽！

很好啊，那你在工作的间隙就可以用这个"提神呼吸法"来帮助自己恢复精气神了。

这是很有帮助的日常小练习，但我还是很担心今天晚上失眠。我对睡眠的事情很焦虑，即便我们现在只是谈论失眠这件事情，我就已经感觉到紧张了！真的没有办法借助正念冥想入睡吗？

这个嘛，许多小伙伴都误以为"冥想是用来睡觉的"，可是，这违反了"不执着于睡眠"的原则。

刚才咱们也探讨了，对于"睡觉"这件事，努力是不一定有用的，还可能会适得其反。事实上，对于睡眠的问题，不是晚上躺在床上后才发生的，而应该是24小时的一件事情。我们需要整体上做出改变，调整心态、行为，甚至改变生活习惯。

晚上即便失眠，也不用有太重的思想负担。你刚刚已经学会了"提神呼吸法"，对吧？睡不着的时候别太为难自己、谴责自己，可以把喜欢的精油或沉香拿出来闻一闻，让自己心情好一点，然后再耐心等待睡意自然出现。

我听说正念冥想被称为"高效休息法"，应该是指对睡眠有帮助吧？你也说了，练习正念对睡眠有帮助，那么，我不能在睡觉前练吗？

最好不要在夜间睡不着的时候正念冥想，因为那时肯定是着急入睡的，反而越急越睡不着。推荐的方法是在睡觉前一两个小时通过练习正念来放松神经系统，然后自然地入睡。这里的关键是在入睡前找到一些可以让心情轻松和愉悦的事情，而不是带着焦虑的情绪上床。如果正念冥想能让你心情放松下来，不妨练起来。

明白了，请问正念冥想是如何调节神经系统的？

既然你问到了，我就讲一讲神经科学，让我们具体了解一下我们的大脑，学会科学地改善睡眠。

· 今日脑科学 ·
神经系统

我们有一套自律神经系统，又称为内脏神经系统、不随意神经系统，包括两个部分，"交感神经系统"和"副交感神经系统"。

"交感神经系统"又称为"压力反应系统"，会让心跳加速、让肺部支气管扩张、促进荷尔蒙反应、让肌肉绷紧，从而加速身体的新陈代谢，有点像我们身体的"油门"。交感神经系统所引发的紧张和收缩，通过由脊髓分支而出的诸多神经，影响五脏六腑。我们平时的压力和责任让我们的生活充满动力，而交感神经系统就会一直工作，就像是我们拼命踩油门、给自己打鸡血，长期处于这样的状态下，我们就会不知道如何去放松，导致失眠。

而副交感神经系统则是身体的"刹车"，可以让身体和脏腑放松。我们可以通过特殊的训练，一定程度上让副交感神经系统控制身体，让五脏六腑全部放松。

当你不开心的时候，睡一觉起来或许感觉就好多了，这就是副交感神经系统的作用。

在多个针对正念的临床实验中表明，正念冥想可以放松身体和心情。

现在了解自己的大脑之后，你对自己失眠的情况有什么反思吗？

很明显，睡不着的时候容易想多，我感觉自己正是想法太多了，该睡觉了脑子还在运转，即便身体停下来了，大脑也并没有休息，所以才导致失眠。这么看来，我需要做的是让大脑停止运转。

哈哈，请问大脑能够停止运转吗？我们能控制大脑吗？有没有发现，刚才当你冒出这个念头"大脑该停下来了"，这本身就是一个想法，刚才说到"我们能控制大脑吗"，这又是一个想法，貌似想法是一个接一个的……

确实，不像关电脑那样按一个按钮就关闭了，我们无法强行让大脑停止思考。那我们拿大脑没办法了？怎么才能让大脑休息一下呢？

正念冥想就是一个不错的方法，只要把注意力带回到身体之上，这时大脑自然就放松下来了。练习正念一段时间后，我们就可以清楚地觉察到自己想法的来来去去，以及由想法所带来的焦虑、担忧、懊恼等情绪。在觉察到这些想法和情绪之后，我们就能从中跳脱出来，而不是被想法困住。

好的，正念对于失眠的作用有实际应用吗？

是的，正念冥想目前在临床上已经开始用于睡眠障碍的治疗，这种在临床上把正念用于失眠治疗的方法叫"失眠的正念疗法"，英文叫 Mindfulness-Based Therapy for Insomnia，简称MBTI，其大致原理是，通过正念冥想练习加强与身体的联结，让身体自然达到放松并产生睡意，而不仅仅是学理论知识，加重思想负担。只要对身体的感受有了体验，就会找到适合自己的方式来放松身体并自然入睡。

听上去有道理，但是我还不知道怎么操作呢。

是的，咱们学了这么多理论，也了解了关于睡眠的知识，但光说不练可治不好失眠，只有通过练习才可以舒缓神经系统，让我们安心入眠、越睡越香。

那么，有什么正念方法是我现在可以开始练起来的吗？

我给你介绍一个经典的正念冥想练习，叫"身体扫描"。方法很简单，你先跟着音频来练习，这段音频由资深正念冥想老师李婷（Balinda）录制。建议你躺下来做这个练习，不需要准备什么，也不需要刻意做什么，只需把注意力带到身体的各个部位上。提前声明，我们在练习中难免还是会想东想西，这也正常，没关系，当你发现自己的大脑开始想事情时，把注意力带回到身体上就可以了。通过这个身体扫描练习，大脑可以放松下来。

好的，谢谢你！躺着练的感觉应该很爽，我晚上回家试试。

另外，每天都有一个用于"正念书写"的打卡活动。在接纳与承诺疗法（Acceptance and Commitment Therapy, ACT）中，正念书写是一种常用的方法，能够帮助我们专注当下，接纳任何体验，而不过度批判或试图改变情绪状态。通过正念书写练习，我们会在文字中接纳内心的情绪和想法，从而增强自我觉察，提高接纳的能力并学会放下控制的需求。

这七天中有正式的正念冥想练习、生活中的正念，也有针对性的打卡练习，这样的组合会让学习效果事半功倍。

好的，我会认真做的，明天见。

身体扫描

扫码听音频

身体扫描 20 分钟

扫码听音频

身体扫描 30 分钟

你可以跟随音频来做这个练习。有两个版本可供选择，一个是较短的 20 分钟的版本，还有一个是 30 分钟的完整版。你可以舒服地坐着，也可以躺下来进行练习。

首先，花几分钟时间让自己的身体安顿下来，让垫子或椅子支撑整个身体。留意身体和垫子或椅子接触的感觉，比如背部、臀部、大腿……观察这种压力感，以及身体其他没有与垫子或椅子接触的部位的感觉。

现在，请把注意力放在整个身体上，身体前面、背面、两侧，然后扩展到整个躯干、四肢。此刻，也许会有平静或紧张的感觉，无论任何感觉都是被允许的。你需要做的很简单，就是觉察，留意此时此刻的身体感受。

现在，随着缓缓地吸气，轻柔地把注意力转移到头部，觉察后脑勺、头顶、额头，然后是整个头部。

呼气时，将注意力从头部移开，吸气时，再将注意力带到面部，扫过下巴、嘴唇、舌头、脸颊、两只耳朵、眼睛、眉毛、额头，觉察整个面部，体验此刻的任何感觉。这些感觉可能是温暖的、凉爽的，干燥的、湿润的，也可能是刺痛和麻木……如果你没有发现任何特别的感觉，看看是否能完全安住当下，并去感受这种"没有感觉"。

在呼气时放开对面部的关注，吸气时，把注意力带到颈部，然后是双肩、胸部、腹部。让出现的任何感觉自然地存在，只是注意它们来了，持续着，又走了。

可能你已经留意到，注意力会不时地被出现的念头带走，也许去到过去，也可能去到未来，又或许只是幻想，也可能被身体其他部位产生的感觉带走。当这一切发生的时候，只需要轻轻地将注意力带回到你此时此刻关注的身体部位上。

在下一次吸气时把注意力带到两只手臂，然后是两个手掌，觉察双手和双臂的感觉，此刻感受到的空气温度，是冷、热，还是不冷不热。

吸气，把注意力带到后背、后腰，以及臀部，觉察身体后侧的任何感觉。无论是痒、麻和疼痛，还是没有特别的感觉，只是去觉察。如果感觉发生了变化，去觉察这些变化。把你的注意力尽可能集中到那个有感觉的区域，去探索这种感受以及其特质，然后等待另一种感觉的出现，继续探索。

吐气时，放开对身体后侧的关注，吸气时，把注意力带到双腿和双脚，留意任何感受，让这个过程尽可能慢下来。自由地让注意力在双腿上游走，觉察腿部和双脚的任何感觉。当你注意到某一部分有感觉时，尽量不去改变，而是把注意力集中到这个特定的感觉上，因为这是你了解自己的过程，可以带着一分好奇进一步去探索这些感觉。

现在，将身体作为一个整体，让注意力扩展到全身，觉察随着呼吸、空气进入和离开身体时的感觉。此时此刻，保持对身体清醒的觉察，请记得，只要把注意力放在呼吸或身体上，这种清醒的状态是在任何时候都可以实现的。

在练习正式结束时，如果你闭上了眼睛，轻轻地睁开眼睛，把注意力带到身处的这个房间里，去认真地看房间里的任何物品，仔细地听周围的任何声音。

感谢你的练习！

身体扫描
Q&A

1. 是坐着还是躺着练习？在床上躺着可以吗？

你可以在床上、沙发上躺下来练习身体扫描，注意要平躺而非侧卧，面部朝上，双手和双脚微微分开；也可以坐在椅子上，让双脚自然垂落在地板上，双腿舒适地分开，两只手放在膝盖上或腹部或身体两侧。如果是平躺在床上，身体过于放松时就容易睡着，所以，躺在有点硬度的瑜伽垫或地毯上或许可以更有效地完成整个练习。

2. 如果睡着了是好事还是坏事？

取决于你练习身体扫描的目的是什么。如果练习是为了更好地入睡，那么目的达到了；如果想完成身体扫描练习本身，那犯困则变成了一种练习的阻碍，可以在更清醒的时候练习，也可以在快睡着的时候睁开眼睛，让自己恢复清醒。对于失眠的读者，建议不要在练习正念的过程中入睡，而是在练习结束后回到床上快速入睡。

3. 做身体扫描多久之后能改善睡眠？

取决于每个人的身体状况。有人做了一次身体扫描后，就发现当晚入睡更容易了；也可能某一天做了身体扫描后并没有让你当天晚上睡得更好，这些情况都是正常的。但是，从数据来看，长期坚持练习身体扫描一段时间后，大部分人的睡眠情况均得到了改善。

4. 身体扫描跟"渐进式肌肉放松"(Progressive Muscle Relaxation, PMR)有什么区别？

身体扫描的目的是培养觉察并保持在当下，同时保持觉察，留意到任何的想法，主动把注意力拉回到身体上。在这个过程中，大脑会得到放松，但练习本身并没有特定目标。

而"渐进式肌肉放松"有明确的目的，就是通过深呼吸、刻意地收紧身体，然后再放松肌肉，以此来诱导身体放松的反应。

5. 为什么和身体联结、培养觉察力对治疗失眠很重要？

当失眠成为一种习惯，人就会产生一些惯性思维以及惯性行为，这些往往都是睡眠障碍的连锁反应。比如，当你白天感到疲倦、无精打采，可能就会自责没有睡好，甩锅给睡眠，反而让睡觉成了压力事件，然后白天喝了更多咖啡，采取更多"补救措施"，在无意识之下，对睡眠的执着的欲望加强，进一步使失眠的症状永久化。如果对身体从无意识到有联结，并对自己的想法、行为都有了觉察，就可以改变相应的行为，比如不再过多喝咖啡来刺激大脑。身体扫描让我们不断地跟身体产生联结，从而培养对自身的觉察力。

我的睡眠日记

请记录前一天晚上的睡眠情况，可以连续记录几日，来观察自己睡眠的变化。

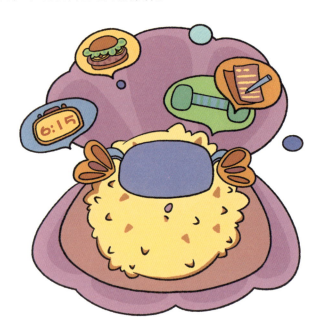

今天的日期	6月20日				
昨晚是什么时间尝试入睡的?	晚上 23:10				
大概花了多长时间入睡?	估计 50 分钟				
不计算最后一次醒来，中间醒了几次?	3 次				
这些醒来的时间加起来总共持续了多久?	1 小时 40 分钟左右				
所做正念练习的内容	30 分钟身体扫描				
练习正念后的感受	练着睡着了，直到练习结束后才醒来，感觉精力恢复了许多				
你如何评价自己昨晚的睡眠质量?	非常不好 不太好√ 一般 还不错 非常好	非常不好 不太好 一般 还不错 非常好	非常不好 不太好 一般 还不错 非常好	非常不好 不太好 一般 还不错 非常好	非常不好 不太好 一般 还不错 非常好
回顾反思	我在睡前喝了茶，可能不利于入睡，并且导致了半夜起来上厕所，影响了睡眠				

能够主动地将分散的注意力重新集中起来，是判断力、性格和意志的根本。我的经验中最伟大的发现，就是人类可以通过专注于某一领域，将他那有限的注意力从一种事物转移到另一种事物，从而控制自己的心智和情绪。教育的本质就是培养注意力的艺术。

——美国心理学之父威廉·詹姆斯（William James）

第 **2** 天

吃着练正念

应对拖延症和
暴饮暴食

亲爱的，昨晚睡好了吗？今天你的心情还不错？

昨晚睡得很不错，但是，我今天吃了很多东西，现在肚子撑得难受！心情也不太好。
我过两天要交一个项目报告，还没开始写，所以今天感到烦躁不安，只能靠吃东西来缓解一下！结果，不知不觉就吃多了。

那么，吃了这么多东西之后，烦躁不安的感觉缓解了吗？

吃的时候暂时好点了！但是，很快又被打回现实，毕竟，报告还是得写，而我还是不想写啊。所以，还是烦啊！

哦，看来烦恼是在于这个"deadline"（截止日）到了，但是出于某些原因，你不想做这个工作，以至于拖到了最后的时间。

对啊，我有拖延的毛病……一想到这个事情我就烦得不行，根本静不下来，所以，只能吃东西，转移一下注意力。结果，最近吃太多了，我胖了一圈，想到这个就更加郁闷了。卡老师，针对我这个情况，练习正念能有帮助吗？

嗯，咱们一起来分析一下你的情况。我听到你说，由于工作无法按时完成，你很不爽，所以，希望靠吃来缓解内心的不舒服，结果一不小心就吃多了。你昨天吃的东西是什么，好吃吗？

先吃了烤串，然后又吃了喜欢的零食，味道跟平常一样吧，没太注意。哎呀，早知道会胖这么多，我就不吃了啊！

哦，所以吃的时候，你并没有注意味道怎么样？那你怎么知道自己喜欢呢？

这倒是个好问题，我吃的时候感到畅快，肯定是喜欢才会吃这么多。不过，确实，吃什么好像并不是重点，我就是想放下手中的活儿，歇一会儿。我工作已经那么辛苦了，觉得应该吃点喜欢的零食犒劳一下自己。这么做没错吧？

哈哈，对自己好一点当然没错啦！那么，吃完以后有快乐的感觉吗？烦恼减轻了吗？

当然没有。我吃完以后，感到非常内疚，还有懊恼，再看看鼓起来的肚子，我简直觉得羞耻！呜呜呜，我打算三天不吃饭了！

小·可怜，吃东西不是你的错，食物也可以提供情绪价值！只是说，这样大量吃零食的方式并没有真正解决你的烦恼，还让身体不舒服了。你提到自己有拖延的情况，这跟很多人是一样的，而这可能已经形成了一种条件反射，当你情绪低落时，就会自动选择进食。所以，问题出在这里。

是啊，吃东西也没有什么错，但我怎么会有深深的负罪感？那么，我是吃还是不吃呢？

很多时候，我们吃东西不是只为了把肚子填饱，事实上，饥饿有九种形式——眼睛饿、鼻子饿、嘴巴饿、手饿、耳朵饿、胃饿、细胞饿、头脑饿、心饿。压力可能会导致"情绪性进食"，这就是"心饿了"，然而，嘴巴吃下去的食物无法填补心灵的空虚。那么，昨天这个情况，你觉得自己是哪里饿了呢？

当我陷入拖延、工作进行不下去的时候，就是头脑饿了，而有时候晚上在家，感到寂寞、无聊，我也会吃零食，那好像是心饿了。反正，都不是胃饿了。原来如此！那我该怎么解决拖延的问题和暴饮暴食的情况呢？

先不急着找解决方案。这里有你喜欢的巧克力，我们一起来"正念品尝"，看看用正念的方式来吃巧克力跟平时吃有什么不同，并进一步去梳理咱们和喜欢的食物之间的关系。

正念品尝巧克力

当你为自己挑选一块巧克力时，留意自己对滋味和口感的渴望。

留意是否有负罪感产生。把这种负罪感放在一边，你才能回到当下。

坐下来，试着打开五感来品尝这块巧克力。

看看你选择的这块巧克力，尝试专注地看它的包装、颜色和形状等。

打开巧克力的包装，倾听包装纸被打开的声音。

闭上眼睛，闻一闻巧克力散发出的香气。

不着急去咬，只是用嘴唇轻轻地触碰，感受它的质感。

咬一小口，稍做停顿。

去感受巧克力在舌尖的口感和滋味。

然后开始咀嚼，留意它的味道、质感和香气，以及变化。

觉察自己的愉悦感。

把嘴里的巧克力全部咀嚼完之后，咽下去。

停下来，细细体会这美妙的滋味能持续多久。

重复上述品尝过程直至吃完。

拖延是情绪调节问题，而非时间管理问题。

—— 加拿大心理学家、拖延症专家蒂莫西·皮切尔（Timothy Pychyl）

怎么样，还要再吃第二块吗？

谢谢卡老师，一块已经足够了，我感觉从心到胃都非常满足，嘻嘻。这个巧克力是什么牌子的？真好吃啊！

看来不需要吃那么多，你已经心满意足了。另外，你说喜欢这个味道？

对啊，这个巧克力没有我想象中那么甜腻，恰到好处，口感非常丝滑，入口即化，我留意到在闻的时候，自己的口水已经快流出来了，迫不及待想把它放到嘴里。吃完一块，我感觉幸福极了。

那之前你自己吃巧克力的体验怎样呢？

平时我吃巧克力都是大口大口地吃，没有注意那么多，好像是自动往嘴里送，不知不觉就吃完了一整块。我甚至都没有留意到肚子已经饱了。

嗯，你提到了"自动"两个字，这很关键，仿佛我们的身体会自己完成动作，不需要经过大脑，跟机器人似的。这是正常的，因为我们的大脑有一个特点叫"自动导航"。你还提到了"不知不觉"，意思就是没有觉察在吃这个东西，是这样吗？

是的，平时吃东西，就是"不知不觉"到吃完才发现吃了很多，刚才我们两个花了三分钟才吃一块巧克力，又是看、又是听、又是闻的。吃这么慢，不可能会吃多啊！

你发现啦，当你正念地吃，从自动导航中跳脱出来，就不会暴饮暴食了。现在，许多人用正念饮食的方式来减肥，甚至，正念饮食还在临床上用于治疗情绪性进食。在进食时，全神贯注于食物的味道、质地和香气，注意自己的饥饿和饱足感，这可以帮助我们减少无意识的暴饮暴食行为。

通过修习正念，我们就可以控制自己的身体和行为了，而不是像个机器人那样"自动化地采取行动"。从自动导航中退出来，我们就拥有了自由。

· 今日脑科学 ·
自动导航模式

可能你听说过，飞机航行会利用电脑系统的"自动导航"功能，很多时候无须人来操作。学习手动挡开车的时候，刚开始可能很难学会换挡，开车的时候也得全神贯注，无暇看导航仪，但是，当你熟练以后，就会不假思索地完成操作。我们可以同时完成很多复杂的操作，并认为这是理所当然的事情。只要经过训练，我们都能完成这种复杂的活动，因为大脑中的基底核会开始工作，找出存储在大脑中的与开车有关的习惯。

我们每天从事的工作有很多都非常复杂，需要几十块肌肉和上万根神经协同运作。形成习惯之后，我们的身体会以极为完美的方式将完成一项工作所需的全部动作联系起来。比如，给自己洗澡，对于小孩子来说是一件挺复杂的事，但成年人都觉得根本不用思考，因为我们从小到大重复了无数次洗澡的动作，久而久之，我们的大脑就记住了。每当我们一再重复某个特定的动作或念头，大脑中就会产生固定的"神经回路"。

身体在"自动导航"运行的时候，大脑只需耗费极少的脑力，就能把一系列习惯串联起来，完成漫长而复杂的工作。所以，我们刷朋友圈的动作、走神成了一种习惯。

通过练习正念冥想，我们就可以从自己的思想和行为习惯、自动导航模式中走出来。

那你觉得，如果以后你都采用正念的方式来吃东西，还会有什么帮助呢？

我觉得应该对平复情绪有帮助。刚才在正念吃巧克力时，我清晰看到了内心的着急和吃的冲动，但我也只是耐心地去观察和闻，并没有像往常那样自动化地去吃。最神奇的是当我看到内心的那份急迫时，反而就没那么急了。

太棒啦！的确如此，在情绪的驱使下，我们容易吃下过量的食物，让它们最终变成身体无法处理的垃圾。我们看着血糖飙升、体重飙升，但就是停不下来。这就是典型的"情绪性进食"，可能会演变成"暴食症"。

不是只有你这样，我们每个人几乎都会因为压力和苦闷而吃东西。当你狼吞虎咽地吃着最喜欢的"安抚"食物，但其实都没有真正品尝过它的味道。暴食，代表着情绪和心理上出现卡点了。

是啊！我就是因为惯常的拖延和心情烦躁而暴饮暴食，以为吃零食可以缓解这种郁闷！但是，卡老师，我的心就是安定不下来，没法安静下来好好工作。现在我的专注力很差，工作能力也不强，感觉自己就会丢掉工作了……

咱们先在这里暂停一下，不用继续往下想了，你肯定没问题的，我相信你！现在竞争那么激烈，工作节奏快、强度大，不是只有你会有这样的反应。在面对压力的时候，我们自然都会感到烦躁，可能会想要逃避。

那么，你说我这算是传说中的"拖延症"吗？

许多小伙伴都说自己有"拖延症"，咱们一起来了解一下拖延症（procrastination）。这是一种普遍存在的现象，指的是人们在明知有重要任务需要完成的情况下，选择拖延或推迟行动，导致任务无法按时完成。拖延症会带来压力、引发焦虑，而人们在面对压力和焦虑时，常常通过暴饮暴食来寻求短暂的缓解和安慰。当然，这不但没有帮助，还可能会让体重飙升，让人更加抓狂。

好消息是，正念或许是解决之道。一项发表在《正念》（Mindfulness）杂志上的研究表明，正念冥想可以显著减少暴饮暴食的频率和严重程度。在科研中发现，经过正念干预后，参与者的暴饮暴食行为显著减少，他们对食物的渴望也有所降低。[6]《饮食行为学》（Eating Behaviors）上的另一项研究显示，正念冥想可以显著降低情绪性进食者的抑郁、焦虑和压力水平，从而改善他们的心理健康和生活质量。[7]

咱们先把工作放一旁，我来给你准备一杯"有魔力"的水，看看对你有没有帮助，好吗？

优雅喝水

扫码听音频

优雅喝水

　　我们平时可能工作忙得连喝水的时间都没有，或者渴了就急匆匆地拿起杯子一口气把水喝掉。水分是我们人体所需要的，如果不能及时补充水分，会让我们身心疲惫。

　　如果你感觉到身体倦怠或是心烦意乱，不如抽出几分钟时间，好好地、优雅地喝一杯水吧！

1. 正念地看：看看这个杯子或瓶子。看看它是什么颜色的、形状如何，有没有什么文字、图案。全方位地仔细观察，包括底部，还有杯子或瓶子里面的液体，它是什么颜色的？

2. 正念地触碰：把杯子或瓶子握在手里，轻轻抚摸，看看有没有什么特别的纹路和质感。温度是怎样的？冷？热？掂量一下，去感受它的重量。

此刻，停下来，想象一下，这个水是从何而来的？并不是什么样的水都是适合我们饮用的，这个水来到我们手中，可能是很不容易的，或许经过了很长的旅程。比如，它曾经是天空中的一朵云，然后化作雨水降落到大地之上，渗入土地之中。或许，点点的雨水汇聚成了小溪，然后溪流汇入了河流，在某个蓄水池中经过了净化、运输，最后，才来到我们的手中。

3. 正念地听：轻轻地晃动容器中的液体，仔细聆听，有没有任何声音？先用左耳朵，然后用右耳朵，分别听一听；如果可以，再敲一敲杯壁，会不会发出任何声音呢？

4. 正念地闻：可以闭上眼睛，专注地闻一闻容器的味道，还有里面液体的气味，以及变化，前调、中调、后调，又或是没有什么特别的气味。

5. 正念品尝：小啜一口，体会它的味道。液体在口腔中的质感，是浓郁的还是清冽的？是否有颗粒感？然后，感受液体从喉咙咽下去时，你有什么样的感受？

就这样重复"正念品尝"，慢慢地、专注地品味每一口液体，喝完之后，感受一下身体的变化，体会液体给身体带来的滋养。

卡老师，你说的没错，这真的是一杯"有魔力"的水啊！我现在感觉身心都得到了滋养，心情也变得喜悦了。这杯子里是什么，怎么那么好喝？

这就是一杯洋甘菊茶，我特意选了这个，是因为洋甘菊含有抗氧化成分，有助于放松神经系统，可以缓解焦虑。菊花茶、玫瑰花茶、茉莉花茶，这些都是健康的茶饮。当然，你喜欢喝什么都可以，奶茶、咖啡也不错啊。当然，更重要的是刚才的喝水方式，你有没有发现跟平时喝水有什么不同？

我发现跟刚才吃巧克力一样，我们喝得很慢！就像打开了五感，用整个身体去喝这个水！眼、耳、鼻、舌、身，分别对应看、听、闻、尝和触碰，平时我拿起杯子就喝了，不会在意那么多。为啥正念饮食要那么慢呀？

哈哈！吃得慢有很多好处，我们很大一部分满足感来自咀嚼，我们的嘴很享受不同口感的食物带来的愉悦。咀嚼还是一种嘴部的运动呢，其实在食物咽下去之前，我们就已经开始吸收食物的营养了。总之，吃得慢就能带来更多的满足感。正念的英文单词是"mindful"，慢得福！

怎么才能让吃饭、喝水的速度慢下来呢?

我教给你一个"正念饮食五步法"。

1. 别着急开始吃或喝,而是先看,去欣赏一下食物的色泽和外观;

2. 花点时间去感恩,感谢天、感谢地、感谢动物和植物,还有种菜和做饭的人,感谢食物来到我们手中;

3. 吃或喝之前闻一下,甚至用两个鼻孔分别闻一闻,由远及近;

4. 吃或喝的时候就像品酒的时候那样慢,先喝一小口,在嘴里停留一会儿,去品尝食物的味道,然后再咽下去;

5. 如果你发现自己走神了,重新回到第一步。

我懂了,谢谢卡老师,我现在想马上实操一下,正念地喝咖啡。

好啊,我恰好也想喝一杯咖啡了。

正念饮食
Q&A

1. 为什么正念饮食有助于减肥呢?

在进食时加上正念,就是用心去感受心理的饥饿和对食物的渴望,去认真体会真正的饥饿和触发性心理饥饿的区别,积极地探索身体饱腹感程度,一旦感觉饱了就停止进食。有数据表明,吃饭分心的人平均体重比认真用心吃饭的人重。对于减肥者、进食障碍者,如果想改变跟食物的关系,专心吃饭非常重要。在正念饮食时,我们会去专心觉察"吃"这件事情,在咀嚼中享受吃的过程,享受食物带来的感受。通过正念饮食练习,我们很快能了解自己的需求,懂得选择好食物,并且酌量,自然而然体重就得到控制了。

2. 为什么在进食时加上正念可以缓解烦躁情绪呢?

练习一段时间正念饮食之后,我们会发现自己跟食物的关系改变了，是有选择性地吃，而不是自动化地吃，自然会吃得更健康。同时，我们也会对自己的身体和情绪有更多觉察，在这个过程中，我们可以从自动导航中解脱出来，也就不会陷入情绪的旋涡。烦躁的情绪不会一直停留，自然就消散了。因此，正念饮食能帮助我们觉察自己的情绪，然后采取相应的更理性的行为，包括更好地应对拖延症。

3. 正念饮食要求必须吃素食或健康食物吗？

并非如此。没有什么食物是绝对禁忌的，均衡饮食就好，只要正念地、缓慢地吃，无论吃什么都一样，重点不在于吃的是什么，而是你愿意慢下来去享受这个过程。尝试吃喝不同的东西可能会带来不同的体验，你可以都试试。

4. 正念饮食时，可以不听音频、自己练习吗？需要吃多长时间？

可以不听音频、自己练习。当你熟悉这些步骤了，建议不听音频，无论花 10 分钟、5 分钟，甚至 1 分钟，都可以来做这个练习。你只需要暂停手上的事情，充分打开五感，去感受整个吃饭或喝水的过程，享受食物给身体带来的滋养。

今天这杯咖啡额外好喝！果然是"慢得福"！不赶时间、不慌不忙的感觉真好，我现在突然想去继续工作了。

好啊，在没有时间压力的情况下，人们一般会更愿意投入工作中。

今天还有什么推荐的正念练习吗？

晚上回家后，你可以试试正念刷牙，这是非常适合每天做的一个小练习。还有一个小工具或许对你也有帮助，叫作"小确幸觉察日记"。

正念刷牙

每个人每天都要刷牙两次——早晨醒来和晚上入睡前，那不妨把"正念刷牙"当作一天的开始和结束。在刷牙的同时保持正念，其实也是在同时"刷洗"自己的心灵。

把牙膏敷在你的牙刷上。

开始刷牙，同时通过鼻子缓慢地、从容地呼吸。

放松脖子和下颌。

松弛地握着牙刷，感受刷毛在牙齿和牙龈上的移动。

品尝牙膏的味道。

漱完口之后，用鼻子深深地呼吸。感受自己"焕然一新"的牙齿。

感恩自己的牙齿，是它让自己可以咀嚼和谈话。

小确幸觉察日记

　　你可以在每天的生活中捕捉容易忽略的小确幸[⊖]，并通过这样特别的方式来记录它们，以培养觉察力。这个日记上写着在发生某件让你感到快乐的事情时，你记录下来的当时的身体变化或感受、脑海中浮现的想法以及当时的情绪。这样的训练可以让我们在生活中成为一名观察者，客观地记录每一件内心活动，并试着不去评价好与坏。

　　可以从每天记录一件小确幸开始，如果愿意，也可以多记录几件。

　　⊖　网络用语，意指生活中微小而确实的幸福。

小确幸事件	事件发生时的身体变化或感受	想法和念头	情绪
例子 今天上班路上走着走着，闻到一股香气，才意识到原来是桂花开了	身体前倾去闻香气，眉头舒展开来，感到呼吸顺畅，身心放松	原来最喜欢的季节到了	喜悦、惊喜
1			
2			
3			
4			
5			
6			
7			
8			
9			
10			

在刺激和反应之间有一个空间，
在那个空间里我们有选择反应的自由和能力，
我们的成长和幸福全在我们的反应里。

——佚名

执怒就像握着一把丢向他人的煤球，
被烫伤的人反而是你。

——佛陀

人和事并不会让我们愤怒，相反，
我们因为相信它们会让我们愤怒而让自己感到愤怒。

——理性情绪行为疗法创始人
艾伯特·埃利斯（Albert Ellis）

第 **3** 天

动着练正念

应对愤怒和
焦躁情绪

我今天无缘无故被领导骂了，事情经过是这样的……

哦，我听到你说的了，确实很不公平，咱们先缓缓。现在，此时此刻，你有什么感觉？

现在我又生气又郁闷，你看我，肚子都鼓起来了！

可怜的姑娘，我们一起来做几个深呼吸如何？
吸气，呼气。
吸气数到三，呼气数到五。
吸……呼……
深深地吸气，缓缓地呼气。
让呼气变得深长而缓慢。

卡老师，我好像已经好点了。能不能问个问题，为啥呼气比吸气长呢？

这样缓慢呼吸的方式可以激活副交感神经系统，这个原理咱们之前学习过，相当于踩一踩刹车，让情绪平复下来。缓慢且均匀地呼气，让呼气延长，比吸气更长，这更能激活副交感神经系统，从而降低心率和血压，产生平静效果。
正念呼吸练习可以降低交感神经系统的活动，从而减少焦虑。

原来如此，学到了，谢谢！但是，现在我一闭上眼睛，满脑子都是那件事！

那是肯定的，发生了不开心的事情，我们都会忍不住去回想。因为这是我们大脑共有的一个特点，叫作"思维反刍"，意思就是同样的想法不停地重复和再加工，我们会一遍遍回顾那个场景，尤其是负面的，总是被记在脑子里。

哦，对，之前你解释过这个心理学名词"大脑的负性倾向"，我总是记得那些郁闷的事情，这本身就是我们大脑的特点，是刻在基因里的。那么，"思维反刍"又是什么意思呢？

你还记得呢，真棒！"反刍"是一个生理学名词，指动物要将咽下的食物反流至口腔进行反复咀嚼才容易消化，而这个特性恰好可以用来形容我们的大脑，一遍遍地"咀嚼"和"加工"已经发生的事情，好像不受控制。这个"思维反刍"正是大脑的另一个特点，也是我们大家都有的。加上大脑的负性倾向，我们就容易不断去回想已经发生的不开心的事情了。

是呢，我的大脑总是在反复去"咀嚼"那些不开心的事情！还真是如此，我经常这样，虽然知道事情已经发生了，无法挽回了，但还是忍不住去回想，然后就会生气、懊恼、伤心……但似乎，我控制不了。有没有什么办法改变呀？

没事，现在了解到大脑的这个特点，我们就有办法应对了！如果要从"思维反刍"中跳脱出来，打破大脑的这种负面的惯性思维，恰好可以用上"正念"。

正念虽好，但是，心理科普书上面说，越是抑郁的时候，越得动起来。正念冥想不都得闭上眼睛保持身体不动吗？

哈哈，除了静态练习，还有很重要的一种练习方式，就是"动态正念冥想"。

那这动态的冥想管用吗？

亲爱的，你有没有过这样的经历，跟朋友约着看电影，但朋友迟迟不来，电影都要开始了，所以特别着急？
这时候你根本坐不住，就会在电影院门口来回踱步，或是干脆出门去透透气。因为通过这样的"身体活动"方式，可以有效缓解焦虑。

有过多次，这说的就是我嘛！

当你感到坐立难安时，不用非得"强迫"自己闭上眼睛观呼吸，因为，很可能这样会让自己更焦虑。你完全可以"睁开眼睛，动着练正念"。其实在实际生活中，我们大部分时候都睁着眼睛，这不代表我们就不能正念了！河豚小姐，请动起来吧，咱们随时随地都能培养正念。

这听起来好高级，如何进行"动态正念冥想"呢？

没问题，我会亲自示范，先介绍一下非常简单但常用的一个练习，那就是"正念伸展"。你肯定也有过跟我一样的经历吧，在电脑前或是开会坐久了，就会不自觉地想要伸个懒腰、打个哈欠。当懒腰伸完，大吸一口气之后顿时感觉身心舒展，这就是个"迷你的正念伸展"。

你真是太善解人意了，我现在就想伸个懒腰呢！我感觉自己这么放松地一伸胳膊，眉头都舒展开了。

嘿嘿，许多人都喜欢练习动态的正念冥想，尤其是坐不住、好动的那些小伙伴。对了，你是不是喜欢练瑜伽、跳尊巴舞呀？你可以把这些"拉伸活动"都变成正念伸展。另外，动态的正念冥想还可以是跑步、滑雪、健身……可以说，任何运动都可以结合正念。

这么多运动都可以算练习正念啊？太好啦，那岂不是健身正念两不误！

对啊，一举两得！如果你有经常做的、喜欢的运动，可以试试加上正念。

那么，我之前运动的时候也没正念，怎么才能算"正念运动"呀？

好问题！正念运动是简约而不简单的，前提是动作得配合呼吸，并随时觉察身体。在"动"的同时，加上"觉知身体感受"的部分，把注意力放在身体动作上，如果发现脑子里在想事情，就把注意力带回来。跟之前咱们练的身体扫描是一样的做法，你可以认为这就是个动态中的身体扫描练习。

感觉有点难，我不知道自己能不能行呢……

放心吧，你马上就能学会，咱俩这就一起来做个简化版的动态正念冥想。

正念甩一甩

建议站着做这个练习，也可以坐着，但不要靠着椅背。

感受一下此刻双脚稳稳地踩在地板上。

请在胸前举起双手，抬高到空中，就好像你用双手举起了一个大盘子。

深吸一大口气……

屏息三秒，让双手高举，停留在空中。

现在，重重地把这个盘子往下甩，好像砸到了地上！

同时长长地吐气……可以用嘴呼气。

再来一次，这次可以在"砸盘子"的时候发出声音："唔！"

如果觉得爽，可以再来一次，这次动作做得夸张点。

重复 3 ~ 5 次。

最后，身体恢复到静止状态。

感受此刻整个身体的感觉。

哇，卡老师，随着我大口地吐气，感觉把肩上的包袱甩掉了，把不开心的事情扔掉了，把负能量抛掉了！太爽啦！

太棒了，那在刚才的练习中你还会去想被领导骂的事吗？现在还生气吗？

那个念头就闪了一下，然后就没再想了，只是专注于身体感受，现在感觉好像已经过去好久了似的。

愤怒，相信每个人都体验过，其实愤怒这种情绪也是无辜的。有时候，它只是起到保护作用，甚至，有时候愤怒还是一种积极的情绪。不管你喜不喜欢，愤怒这种情绪是无法抵抗或消除的，甚至也无法通过发泄出来而得到释放。

不能通过发泄来释放，那么，如何巧妙地化解愤怒呢？

今天来的时候你气得肚子鼓鼓的，然后通过刚才简短的正念练习，感觉是否有帮助呢？

我现在确实感觉没那么生气了，刚才并没有把怒火扔向某个人、冲别人发火，而是在动态练习中释放掉了身体的那种紧绷感。

看来练习正念对你缓解愤怒情绪有帮助，对我自己也非常管用！在愤怒时保持正念，不意味着我们要抑制、否认或者回避这种情绪，也不意味着要将愤怒发展为具有伤害性的行动。相反，我们可以带着一份好奇心去觉察愤怒时的直接体验，并且决定采用怎样的回应方式和如何行动。

愤怒过去之后，现在我感到有一丝悲伤。

的确如此。其实愤怒是一种复杂的情绪，在坚硬的外壳之下，还藏着某些柔软的情绪。没有哪个情绪会一直停留，都会变换或消散。一连串的负面想法会带来负面情绪，所以，当我们发现自己很生气、不开心的时候，并不是要试图和这些负面情绪对抗，也不是要改变某个情绪，而是揪出这些让我们烦恼的乱七八糟的念头，然后放开它们，只是回到当下。

或许我的愤怒之下隐藏的柔软情绪就是悲伤。

没关系，不急着改变。慢慢地，只要不去抵抗，这些负面情绪都会如空中的云朵一样，烟消云散。当我们郁闷的时候，感觉坐立难安，就可以尝试动态正念冥想，让身体活动起来。更重要的是，把注意力带回到身体感觉上，回到当下。这样做之后，就是放开了那些不开心的念头，我们就会发现情绪也好了很多。同时，深呼吸能够调节我们的神经系统。

有道理，我发现自己非常焦虑的时候，坐下来反而满脑子胡思乱想，我就更焦虑了。如果站起来去做点什么事情，注意力放到别的地方去了，就会好一点。刚才我的注意力都在身体的动作上。
可是，卡老师，这算是转移注意力吗？我拿手机刷短视频也可以转移注意力。

哈哈，那你刷完视频，把手机放下之后呢？

这个嘛……放下手机后，又开始郁闷了。

确实如此，手机会把你带到另一个非现实的世界，让你可以暂时回避当下的烦恼。但是，当你回到现实世界后，情况并没有发生变化！
而练习"动态正念冥想"，是不断把注意力带回到当下，回到这个现实的环境中来，这并不是回避。

哦，原来如此，有道理！我平时挺喜欢慢跑的，尤其是心情低落的时候，感觉户外慢跑后心情会变得"晴朗"起来，这也可以算正念？

是的，除了正念伸展，另一种我们最常使用的方式就是正念行走，当然，也包括正念跑步。这也是我今天想介绍给你的一个正念练习。

太好啦，我几乎每天都散步。怎么样走，才算"正念"地散步呀？

嘿嘿，慢悠悠地正念散步就是我的最爱啦，相信你也会喜欢的！方法也很简单，就是在行走的时候放慢脚步，观察身体的感觉。同样地，发现脑子里开始有乱七八糟的想法了，就把注意力带回到双脚行走和双腿肌肉的感受上来。就像我这样，专注于走路即可。

但我走路时喜欢戴上耳机听音乐，看来加上正念就不能听了吧？

哦，你走路听音乐时有什么感受？出现过什么特别的状况吗？

听音乐就是让通勤路上没那么无聊，只是有一次过马路的时候听着音乐走神了，没注意到一辆自行车经过，差点被撞倒。

这个情况就是"失念"了，心已经不在当下了，所以没留意到当下出现的意外情况。如果我们在运动的时候保持着正念，可以有效避免意外的伤害。

那么，卡老师，这也就是说，在正念行走的时候，就什么都不能听了？

当然不是，我们走路的时候不能把耳朵堵起来，那样太危险了。除了听周围环境的声音，不妨试试聆听每时每刻自己的呼吸和心跳、在运动中的身体发出的声音、脚步声，这也是有趣的音乐。

自己身体发出的声音？听上去好有意思，之前我从来没有留意过呢。请问，除了觉察身体，我可以看路上的风景吗？

当然可以啦，眼睛睁开着，自然会看到周围的环境。刚开始可以在家里练习正念行走，对这个方法熟练之后，也可以出门，在户外练习正念行走。所以，除了觉察身体，你还可以正念地看周围的事物，看经过身边的人和车，或是大自然斑斓的色彩。

嗯，我知道了，还可以正念地闻空气清新的味道！今天我走路去上班的时候，突然下雨了，一股泥土和青草的味道扑鼻而来。

举一反三，聪明！不过，对于刚开始练习的初学者，最好只选择一个固定的感官作为锚点来练习。由于觉察身体的感受比较容易上手，一般小伙伴们刚开始练习时都会把注意力放在双脚上，因为走路的时候，脚底的触觉最为明显。

哦，这正念行走听上去很简单啊，还需要专门练吗？

亲爱的，每次走路你是左脚先迈出去，还是右脚啊？

这个……真不记得了。

哈哈，那么，转身的方式呢，你是从左边转还是右边转啊？

这我哪知道，谁会在意这些？

那下次走路的时候可以留意一下，看看双脚是怎么配合的！确实，我们走路的时候，不会去在意自己的动作、把注意力放在"身体上"。那你还记得自己小时候蹒跚学步的样子吗？

记得啊，小时候学走路特别不容易，我似乎难以掌握身体的平衡，时常跌倒，后来多练习就会走路了，而自从学会以后，我再也没留意过自己走路的方式。

是的，学会走路之后就不会再去想了，仿佛身体就自动地在走路了，并不需要大脑去思考动作。我们每个人都是这样的，走路、骑车、游泳，甚至开车都是这样。当我们能够自动地完成一个身体动作，却不需要大脑参与的时候，大脑就知道可以溜号了，去想别的更好玩的事情，这时候大脑中的"默认模式网络"就会被激活。

又听到一个新的名词，"默认模式网络"，卡老师，我听晕了……

这是一片大脑区域，跟我们的生活息息相关，让我们具体来学习一下。

· 今日脑科学 ·
大脑的默认模式网络

大脑中有一片重要的区域，叫默认模式网络（default mode network），当大脑处于不同的状态时，就处于不同的网络激活的状态，而默认模式网络是当你走神时大脑激活的区域。当外界刺激来了，大脑有任务了，对应区域的活跃度就上升了。练习正念的时候，大脑就会调整到"专注于当下任务"的状态。

现实生活中，我们通常处于"专注于当下任务"和"走神"的不断更替中。比如说，当你在阅读本书的时候，似乎沉浸在知识的海洋中，但文字太多了，所以你的大脑在阅读期间可能会不停地"走神"。你可能会想"周末去哪里吃饭比较好"，一会儿又想"这糟心的工作"，或许只是单纯地想着"这本书都是废话"。大脑没什么事的时候，就会"不自觉地走神"，这是大脑中的默认模式网络被激活了。

默认模式网络有时候也被称为"叙事网络"，因为当我们让思绪做它该做的事情时，它的大部分就陷入了自我叙述。除非经过一定的正念训练，否则我们常常完全察觉不到自己意识的这一面。

多伦多大学的一项研究[8]表明，八周正念课程可以使叙事网络的活动减少，当前瞬间觉知相关的皮层外侧网络活动（它令人的体验跳出了时间，完全不进行任何叙事）增加。该研究的工作人员将这一神经回路称为"体验网络"（experiential network）。

多项科研显示，正念冥想可以减少默认模式网络的活动。[9, 10]如果你有过度活跃的默认模式网络，那意味着你可能有过多的自我关注、过度思考，并且过度焦虑。通过减少默认模式网络的活动，正念冥想有助于降低自我关注和减少过度思考，从而降低焦虑水平。

还记得之前介绍过的"自动导航"吗？有时候大脑偷懒去了，是不指挥身体的，让身体自由行动。这就是默认模式网络的作用。

明白了，那次我差点被自行车撞倒，就是因为在想别的事情，看来是大脑偷懒去了，并没有参与到我走路的活动之中，也就没警惕当时的危险状况。哼，大脑不应该缺席呀！应该跟我的身体在一起才对！

就是啊！我们认真地练习正念行走，就是在训练大脑保持在当下，跟身体待在一起。

听上去好有趣！我迫不及待地想试试正念行走呢。

好啊！事先声明，正念地走路说起来容易，做起来不一定容易哦！因为我们的大脑特别聪明，见缝插针，能偷懒就偷懒，时常跑去想别的事情，而不是手上正在做的事情，所以，"正念行走"是需要刻意练习的。

明白了，谢谢卡老师，请带着我一起做正念行走练习吧。

正念行走

扫码听音频

正念行走

　　提醒：可以跟随音频来练习。当你学会方法之后，就可以放下音频，自己来做正念行走练习。

　　正念行走练习，要求我们就像做身体扫描那样，把注意力集中到行走的体验之中，和静态练习的主要区别是：在这项练习中，你在移动。然而，不像我们平时走路的速度，我们会放慢这个过程，因为要尝试关注走的每一步带给我们的体验。

请把全部的注意力放在两只脚的交替行走上，以及我们的身体如何把重心从一只脚转移到另一只脚上。在正念行走的过程中，请放慢步伐，这样就能更容易地体会到行走的感觉。

首先，请像大山一样稳定地站好。在这里花点时间，注意自己站立的姿势。注意到从脚底到全身的感觉。这有助于将注意力带回到当下。手臂自然下垂于身体两侧，也可以采取让你感觉舒适和放松的姿势，把手放在背后或身体前面。

现在，保持站立的姿势，把注意力带到呼吸和身体的感觉上。选择一条10～15步以内长度的路，以来回行走的方式进行练习。与常规的步行不同，在这个练习中，没有任何目的性。当走到路的尽头时，停下来，转身，然后沿着相反的方向走回去。

开始慢慢地、自然地走路，让目光注视前方或脚下的地面。不必加快行走的速度，尽可能走得足够慢，这样就可以把注意力集中在脚底接触地面的感觉和身体的运动上。

假如需要的话，也可以在练习时，轻声提醒自己"抬脚、迈步、放下"，这或许对集中注意力有一定的帮助。

请记得，我们不需要去任何地方，只是走到我们选择的路的尽头，停下来，转身，然后回到我们刚刚来的路上。

我们通常会觉察到注意力转移到想法、回忆或者你看到或听到的事情上。当这种情况发生时，只需将注意力带回到脚底的感觉上。当我们以这种方式练习时，会将身体和心灵带入每一个当下的时刻。

保持注意力集中，觉察运动中的身体、产生的感觉，以及我们的呼吸。让眼睛放松，身体放松。无须企图去控制身体，因为我们的双脚知道该怎么做。

或许需要以这种缓慢的行走方式行走一段时间，才会有更多的体验发生。可以带着开放、好奇、温柔的态度来尝试，就像我们在身体扫描时所做的那样。

正念行走练习没有所谓的正确或错误，尽可能地在每一刻保持放松，体验行走带来的感受。

正念行走
Q&A

1. 要在哪里练习正念行走？

除了找到一条小路，在家里或外面进行正念行走，还可以将其结合到我们每天的生活中，有很多场景都可以练习正念行走，比如走路去超市或车站等。室内的话，从工位走到茶水间、从卧室走到客厅的几步路，都可以尝试带着正念来行走。所以，在哪里并不重要。

2. 每次练习正念行走应该走多远？

请记得，正念行走时，最重要的不是目的地，而是这个"走路的过程"。你可以在一条小路上慢慢地来回走，一遍又一遍，尽量减少分心的机会。这条小路不需要很长。从这头走向另一头的时候走 10 ～ 15 步，转身，回来的时候走10 ～ 15 步就可以了。

3. 在正念行走时，需要走多慢？

这个没有要求，正念行走可以以任何不同的速度进行，尤其是在日常生活中的不同场景中应用时。另外，可以从正念行走练习转为正念跑步练习。然而，刚开始在正念行走时，通常正念老师会让大家以非常缓慢的速度来进行，用以抑制我们想加快步伐的冲动。步行的过程可以扩大感官体验，更细微地觉察在步行时的身体和呼吸，并更好地觉察我们脑海里的想法。

4. 练习正念行走会有什么效果？

正念行走在传统禅修中是很重要的一种习练方式，在系统的正念课程中也是不可或缺的一个练习。因为通过正念行走，也可以训练类似于静坐所培养的定力，让我们的专注力有效提升。另外，正念行走很容易带入日常生活中，让我们在不改变生活方式的情况下，提高心的觉知力。

怎么样，你对于正念行走练习感觉如何？

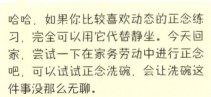

确实没那么容易做到，我还是会忍不住去想一些事情，但是能让身体动起来就挺好的，没静坐那么枯燥，也不会腿麻。

哈哈，如果你比较喜欢动态的正念练习，完全可以用它代替静坐。今天回家，尝试一下在家务劳动中进行正念吧，可以试试正念洗碗，会让洗碗这件事没那么无聊。
现在，来看看正念洗碗的具体方法。

生活小正念

正念洗碗

在家里也有很多机会练习"动态正念冥想"，比如干家务活的时候，包括扫地、整理房间、做饭、洗碗、擦桌子等等。今天的生活小正念，可以试试正念洗碗。当洗碗加上了正念，就变成了好玩的事情，不再那么枯燥，反而可能会是享受。

开始洗碗前深吸一口气，然后用嘴缓慢地吐气。

需要的话，重复三次这样的深呼吸。

站在水池边，留意自己身体的感受。

打开热水，注意热水如何流经你的双手。

小心地拿起第一个盘子，观察它的形状，感受它的重量。

开始擦洗，闻一闻洗涤剂的味道，看一看泡沫的流动。

就这样依次清洗餐具。

如果发现自己走神了，把注意力带回到水流的温暖感觉上。

今天的打卡活动来啦！在本子上，写下来今天发生的十件值得感恩的事情，最好是那些"芝麻大的小事"，因为这些小事和瞬间是最容易被我们忽略的、认为理所当然的，但往往值得感激。

好啊，我很感恩今天学习了动态正念冥想，缓解了我的愤怒情绪！但是，要写十件，恐怕想不出来那么多事情啊！

如果想不出来十件事情，不妨从目前这个房间里面，或在自己的身体上找找，比如，舒服地坐在椅子上，身上的这件衣服让自己感到很温暖。

我很感恩手中的本子和笔，让我可以记录心情。也感谢亲爱的卡老师，让我学习正念冥想！

也谢谢你！感谢你的信任，别忘记谢谢一下自己哦！

好的，那明天见！

感恩微不足道的小事

请在下面的表格中，记录过去 24 小时内发生的十件值得感恩的事情。

最好是容易被忽略的事情，比如，有无线网络可以获取信息和资料、外卖员把食物送上门、有家人朋友的照顾和关心……如果想不出来十件事情，也可以感恩在每一天中都在发生的事情，比如，能够顺畅地呼吸、有干净的饮用水、有足够的身体所需的食物……这些我们认为理所应当的事情也是值得感恩的。

如果你喜欢这个练习，以后可以每天都做。

事情	事情发生时的身心体感受	当时的想法	
例子	今天进公寓大门，一位不认识的邻居帮我扶着门把手，还让我慢慢地走、不急	不自觉地嘴角上扬、微笑，身心放松	我们这栋楼里居然还住着这么好的人，以后我也会这样帮助别的邻居
1			
2			
3			
4			
5			
6			
7			
8			
9			
10			

艺术成为冥想传统的一部分，在其中，
观察至关重要。评判让位于觉察。

——肖恩·麦克尼夫（Shaun McNiff）

第 **4** 天

艺术玩正念

应对手机依赖和
游戏成瘾

练习了三天正念了，这一周也差不多过半了，感觉如何呀？
……
你在埋头做什么呢？河豚小姐？

哦，卡老师好！昨天的正念练习和打卡我都完成了。
……
不好意思，我在等待一条消息呢，必须盯着手机。刚想起来，我需要在网上订个东西，请稍等。

好的，不急，你慢慢来。

卡老师，说实在的，刚开始对正念还有好奇心和新鲜感，今天开始我有点厌倦了，觉得正念有点无聊！
这或许是我个人的问题吧？我做什么事情都没有耐心，在练习正念时尤为明显……虽然知道身体扫描练习有很多益处，但我就是无法静下心来完成练习，感觉半个小时太长了，总忍不住去看手机，坚持不下来！

哈哈，原来如此，你说正念冥想坚持不了半小时。我看你刚才在玩手机游戏，你一般会玩多久呢？

打游戏时的时间过得特别快，一晃两小时就过去了！不像练习正念，感觉半小时都好久。

哦，那打游戏不需要"坚持"吗？刷手机呢？

那当然，打游戏多爽啊，是娱乐，何来坚持。我连上班的时候都会惦记着下了班可以打一局呢！刷手机时时间也过得很快，每天晚上睡觉前，我会刷会儿手机，放松一下，不知不觉就刷到了凌晨。

这么看来，可能因为打游戏、刷手机是你愿意做的事情，所以时间过得快，而正念冥想有点像"被迫"做的事情，所以你感觉难熬。那么，咱们反过来想想，如果觉得练习正念很爽，是不是也就不会那么难熬了？

有道理，但这不可能啊，练习正念就像完成学校布置的功课一样，是个任务，不像打游戏是一种放松。

确实如此，如果觉得正念练习是种折磨，那你大概率是坚持不下来的。就好比许多人也不太喜欢运动，其实，是因为这些小伙伴没有找到适合自己的运动，没有发现其中的乐趣；如果我们能找到喜爱的运动，自然而然会爱上运动。同理，假设你能找到自己喜欢的正念练习，不仅不需要苦苦地坚持，甚至有点时间就会想去做！就像你会惦记忙完工作后能打游戏一样。

真的假的，你觉得我也能找到自己喜欢的正念练习，发现其中的乐趣？有什么正念练习会这么有趣吗？洗耳恭听！

有啊！正念冥想并非只是闭上眼睛，坐在那边，什么都不做，咱们已经学过正念运动了，你有没有其他兴趣爱好，比如说，艺术方面的？

当然，我可不是只有打游戏这一个爱好，我每天都听歌，也会攒钱去听演唱会、音乐会。另外，我可喜欢画画了，最近还学习了插花。这些也能结合正念？

嗯，当然可以，正念是"无孔不入"的！我们发现，对于大部分人来说，越充满着乐趣、越简单的正念练习，越容易坚持下来！刚才你提到的这些兴趣爱好都不错，咱们挨个试一遍，先来正念地听音乐吧！

正念聆听

我们先来花几分钟探索周围环境中的声音。随着每一个声音的出现，聆听这个声音，并留意此时心里的反应。

可以去听上方的声音、下方的声音。

左边的声音、右边的声音。

后面的声音、前面的声音。

注意听四周的声音。再听一下远处的声音。也许这个声音让你联想到一部电影或一个故事，触发了某个念头或情感，或引发了一段记忆。注意到这些心理活动，然后重新把注意力放到听觉上。

听一下大楼外面的声音。再听一下大楼里面的声音。房间里的声音。

倾听自己身体的声音，有可能就是隐藏在身体里的各种想法。

现在，当你听到某些声音时，留意一下内在的感受和情绪。

悦耳的声音带来什么样的感觉和体验，心里有什么反应。

不悦耳的声音带来什么样的感觉和体验，心里有什么反应。

在你的耳朵和大脑对某个声音开始编故事或展开联想之前，看看能否只是单纯地去听声音本身。

把注意力完全放在听觉上，只是去接收声音。

留意周围一直存在的声音。

声音的变化和消失。

稳定而有韵律的声音。

以及时不时出现的断断续续的声音。

如果你的心被某个声音带走了或是走神了，只要轻轻地把注意力拉回到听觉上。

现在，请把注意力拉回到声音本身，观察一下脑海中的想法，然后再轻轻地回到听觉上。

一次又一次地，去检查脑海中的想法。

我以为真要听歌呢，原来是听声音啊。

咱们刚才听到的周围的声音不正是美妙的音乐吗？当然，直接播放歌曲来正念欣赏也是可以的。

确实，刚才的体验还挺美妙的。如果听音乐也能算作正念，那我可就太擅长啦！这简直毫不费力嘛！

嘻嘻，刚才你除了听音乐本身，是否留意到自己有走神之类的状态？

是的，也有走神呢。我留意到当我听到水流声的时候，就想起了小时候爸爸带我去小溪里游泳的场景，好开心呢，至今记忆犹新。

当这个回忆涌现的时候，接下来你又做了什么？

我在回忆中沉浸了一会儿，突然听到引导词提示注意力飘走时就将其拉回到听觉上来，于是我就回来了，接下来听到了雷鸣的声音，有点吓人，还好很快就过去了。后来好几次也留意到自己开始想事情，比如突然想起来一个快递不知道到哪里了，就想偷偷去拿手机。

哦？那你去拿手机了吗？

并没有，我告诉自己先别想了，那个不着急，就继续回来听声音了。然后，想看手机的冲动就消失了。

原来如此，看来暂时放下手机也是没问题的，你可以做到！那么，你觉得正念听声音有意思吗？

有意思。在刚才的练习中，虽然有看手机的冲动，但我可以看到自己的这股冲动，然后反思了一下，也没那么急，当下还是练习更重要，后来我就不想看手机了。

棒极了！能觉察到自己的冲动，河豚小姐，进步很大！

是吗？我感觉自己练得并不好，在正念冥想时总是分神，有好多好多想法，并没有达到别人说的那种无念的状态。

听上去你对自己有一丝评判，或许还有一点不满？其实有念头很正常，没关系，我刚才练习的时候，也有很多想法在脑海中飘过，拉回来就行了。刚才听到你分享，当你留意到出现了念头就会主动拉回来继续听声音，这就很好了。这个一来一回的过程就相当于在锻炼"大脑的肌肉"，每次当你把念头拉回来的时候，都在巩固新的神经回路，而不是走老路。这个过程能够帮助我们戒掉不好的旧的习惯，培养新的习惯，并提高专注力。因此，长期练习正念冥想，我们的大脑也会变聪明。

听起来，只要做了正念练习，每一次都算数，即便状态不好也没关系。听完你说的，让我感觉这三天没白练，我还一直以为自己没练好呢！但是，你看我这把年纪了，我的大脑还有救吗？

这么说起来我比你年长，亲测也有练习效果，哈哈！正念冥想也很适合我们中老年人，因为我们的大脑神经具有"可塑性"。神经可塑性（neuroplasticity）是指大脑在结构和功能上的可变性和适应性，任何年龄段都有。我们的大脑可以通过经验、学习、新的行为或损伤后的恢复过程而发生改变，并且让我们一直拥有学习能力。我们身体中的"神经元"可以生成新的连接、加强现有连接，还可以重新组织连接，不断适应新的信息和挑战。因此，只要长期做正念冥想，无论老人还是小孩，都可以让神经元重组、改变自己的大脑，让自己越练越健康。

听上去我们大脑的构造好神奇。可以多解释一下"神经元"是什么吗？具体连接的又是什么？

　　我们的大脑里有近900亿个名叫"神经元"的神经细胞，而且并非只在大脑中。神经元会进入我们体内的每一个部分，包括眼、耳、鼻、舌、皮肤，还通过脊髓和自主神经系统，进入身体的几乎所有位置和器官。

　　神经元在大脑中组成复杂的网络，这些网络负责感觉输入、运动输出、认知功能、情绪调节等多种功能。这些功能还包括对外部世界的感知，通过皮层不同部位的多个身体"映射"来感知身体，"解读"他人的情绪和思维状态，对他人产生共情和慈悲。正是这些元素构建了我们的"意识"。

　　大脑的神经元之间有着数以万亿计的突触连接，这是一套接近无限数量且持续改变着的网络，可适应不断变化的环境，尤其是通过学习，提升我们的生存概率，推动社会发展。神经元的突触能够确保神经系统内信息的有效传递。

研究表明，正念冥想可以促进神经元生长和新突触的形成。[11] 尤其是在海马体，这一与记忆和学习密切相关的区域，冥想可以促进神经发生（neurogenesis）。长期正念冥想会让海马体区域增加数以亿计的神经元突触连接，这样一来，控制注意力和感官觉知力的脑组织就会大幅增厚。正念冥想还能够增加神经递质血清素的分泌，有助于调节情绪和睡眠。

大脑灰质又称为大脑皮质，由各种神经元、神经胶质及神经纤维所组成，负责复杂的认知任务，如思维、记忆、决策和语言。灰质中的某些区域，如前额叶皮质和边缘系统，参与情绪的调节和处理。大脑灰质就像是我们大脑的"司令"，是信息处理的中心，能对外界的各种刺激做出反应。一般来说，大脑灰质减少会对人们的大脑功能产生一定影响。

老年人通常会说："年龄大了，脑子不好使了。"这就是因为随着年龄增长，大脑灰质区域在减少。产后妇女、抑郁症患者、老年痴呆患者，他们的大脑灰质都比之前减少了。总之，大脑灰质对我们来说很重要。

虽然我没有完全听懂这些神经科学的知识，但我想请问一下，我的一些不那么好的习惯，比如游戏上瘾，也是可以改掉的吗？

当然可以。我们要摒弃不好的旧的习惯其实是很难、很痛苦的，所以，了解大脑的特点之后，我们就知道，不是要去试图消灭那些不好的习惯，而是用新的、更健康的习惯来代替。因此，我们需要做的是创建新的神经回路，这样之前的神经回路自然就废弃了。你可以想象，有这样一条小路，如果很长时间都没有人走，这条小路就会杂草丛生，最终消失，那就是我们旧有的习惯。

这个听起来很有趣，但我还是不能理解，能不能再说一些？

一同被激活的神经元，
也会交织在一起。

一同被激活的神经元，
也会交织在一起。

——唐纳德·赫布
（Donald Hebb）

赫布说的这个名言被称为"赫布理论"（Hebbian theory），是神经可塑性和学习记忆的基础。它的意思是当一个神经元A反复且持久地激活另一个神经元B时，这两个神经元之间的连接强度会增加，使得以后神经元A再次激活神经元B变得更加容易。

简单来说，就是"用进废退"，使用越多，连接越强；不使用，连接则会减弱。这一机制在学习和记忆过程中起着关键作用。

明白了，我花越多的时间在某个神经回路上，它就会越巩固。打游戏就是个例子，打得越多，我越深陷其中，这个习惯也就更加根深蒂固，让我对游戏甚至上瘾了！看来，我得走新的路……但是，"新路"在哪里呀？我感到很迷茫！

不着急，肯定有出路，咱们先来分析一下，你想戒掉打游戏的瘾，那么，不妨回忆一下，打游戏对你有怎样的坏处呢？又可以给你带来什么样的好处呢？

我的情况应该和大部分人一样吧，我身边也有很多朋友沉迷电子游戏。至于坏处，是有目共睹的，对眼睛不好，每次打完头昏脑涨，意识到大把的时间被浪费了。好处……还真没想过，我只是觉得打游戏比较轻松，几乎不用动脑子，游戏通关的时候能获得成就感。并且，在游戏的世界里，我能暂时逃离现实中的"悲催"的生活。所以，有烦心事的时候，我就故意让自己沉迷其中，即便知道对身体不好。我想，人们在打游戏的时候肯定是没有觉知的。

看来你对自己的认识很清晰，并且愿意坦诚地说出来，河豚小姐，你真的太棒了，这已经是成功一半了！当你说出"沉迷"这个词的时候，或许已经意识到，在打游戏时人们是没有正念的，所以才会"被动卷入"而无法控制自己，可见培养觉察力很重要。在临床上，就有正念戒除成瘾、预防成瘾复发的方法，首先要识别成瘾行为的自动化反应模式，培养觉察力后就能打破这种自动化反应模式，从而有意识地选择更巧妙的行为。接下来，就是我们如何选择了。

划过脑海的一个个念头、产生的一丝丝感觉，都会在我们的大脑里留下印记，恰如沙滩上留下的脚印。这些印记会逐渐形成一套思想倾向和观点，这会令我们痛苦或快乐。所以，痛苦还是快乐，你是可以自己选择的。

我当然选择快乐啦，谁会喜欢痛苦呢！

既然你觉得沉迷电子游戏会让自己痛苦，那今后可以选择另外的"游戏"，同样可以让你感到轻松，不用动脑子，有成就感，又不伤害眼睛。最重要的是，不会被动卷入其中，失去正念；而是带着觉察去做，收放自如，想玩的时候玩，不想玩就停下来。我们是有主动选择权的。

那当然好啦！有这种好事吗？

今天为你介绍一种你可能会爱上的正念游戏！那就是——正念禅绕画。之前你不是说喜欢画画吗？这个禅绕画非常简单，也不需要准备复杂的工具，每天都能画。

创作禅绕画，只要掌握简单的技巧就能轻松上手，仅仅需要一支铅笔、一支签字笔和一张白纸，通过绘制简单、重复的线条组合，在短短的时间内就可以帮助你收获平静、放松与专注，犹如做了一场"头脑瑜伽"，并最终以可视化的绘画作品呈现出你当下的心境状态。

这个禅绕画是什么意思？跟普通的画有什么区别？

禅绕画的英文是 zentangle，禅（zen）是心法，绕（tangle）是技法。创作禅绕画将是充满惊喜的礼物，加上在这个过程中使用正念的方法，会体验到从放松中收获专注力。由一笔一画，创造无限可能！

绘画过程本身就是全神贯注的，而禅绕画倡导"放下头脑的思考"，只是跟随笔触，任其在纸上轻舞飞扬。

我将会为你介绍正念禅绕画的八个步骤，并不复杂，整个过程不仅非常正念，而且轻松、美好。我们不需要准备橡皮，任何出现在你纸上的线条都不是错误，都是被允许的，一切都刚刚好。

我很喜欢这句话，"都不是错误，都是被允许的，一切都刚刚好"。

正念禅绕画

正念禅绕画有八个步骤，刚开始可以按照顺序来进行，等熟练之后，也可以根据自己的情况来选择。

1. 静心安顿

把注意力集中在呼吸或某个身体部位，例如双手和双脚。

2. 画边框

用铅笔在角落点出四个点，然后连接它们，形成一个边框。这个边框可以是正方形、长方形或任何你喜欢的形状，为禅绕画提供一个限定的空间。

3. 画暗线

在边框内随意画一些线条，形成几个不规则的区块。

4. 选择和绘制图样

选择你喜欢的简单图样，在区块内开始绘制选定的图样。

5. 重复与变化

在下一个区块内绘制相同或不同的图样。可以尝试不同的变化和组合，创造独特的视觉效果。

6. 暂停并回到自己

暂时放下手中的画笔，停下来，欣赏已经完成的图样，并抱着好奇的态度回顾一下刚才自己画画的过程。有没有为了完成任务陷入自动导航？是否在追求完美的画作？

正念禅绕画是在绘画的过程中保持专注，而非专注于完成一个作品。

7. 添加细节

继续完成其他区块内的图样。如果留意到自己走神了，把注意力带回到手部绘画的过程，专注于每一个线条和形状，也可以关注笔尖和纸摩擦的声音。

用针管笔添加一些细小的线条和阴影，使图样更加丰富和立体。可以时不时地停下来觉察，并提醒自己，不必追求完美，无须比较，只需享受绘画过程。

8. 自我欣赏与感恩

无论这个作品是怎样的，它都是独一无二的。世界上没有两幅完全一样的禅绕画作品，就跟独一无二的自己一样，值得我们去欣赏和感恩。

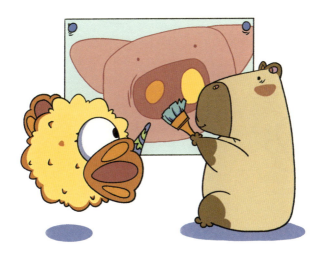

生命中没有橡皮擦，很多时候，我们只能重新出发。如果我们采用一种优雅而温柔的态度去迎接挑战，任何一个所谓的挫折都可能会是转折点，每一段经历都将是我们的机会，创造意想不到的美的机会。

——卡皮巴拉

这个正念禅绕画真的太好玩了！如你所说，这是个有趣的创作游戏，我以前也喜欢画油画，但是准备工具、清洗画笔等过程比较麻烦，我就懒得动了。这个禅绕画简单多了，包里随时都有白纸和笔，在办公室，甚至火车和飞机上都可以画！能不能问一下，这个画画的过程为什么能帮助我静心呢？我很好奇。

正念禅绕画正符合你所提出的"不用动脑子、轻松"的特点，其乐趣就在于简单、随时可练、容易专注、可尽情发挥自己的创意、释放想象和灵感、享受创作的过程！同时，又是非常静心的一个过程。

其实哪种绘画都是可以的，而禅绕画尤其跟正念适配！重复性的动作可以让人的大脑进入一种无意识的状态，这种状态下，我们会停止过度思考、精神内耗，以全然地放松下来。在这个过程中，也很容易产生"心流"。

我也觉得刚才正念创作禅绕画的过程中，有那种时间静止了、喜悦的感受，大概就是所谓的"心流"！看看我这幅画，感觉很美呢！虽然我没那么擅长画画，但是第一次尝试禅绕画就能画得这么好看，好欣喜！

的确很美！当你带着正念创作完禅绕画后，最终还能看到一幅自己亲自创作的生动、真实的成品，这种心情确实不是传统正念练习所能比拟的，也确实是对正念练习的一种有趣的升华。更重要的是，通过艺术创作，禅绕画还能加深我们对正念的理解——透过绘画和作品，照见自己。

我在画的过程中，不仅记得时不时停下来感受呼吸，也在关注自己的身体，中间还停下来伸了几次懒腰，做了一下正念伸展，哈哈！这跟打游戏时被吸进去、无法自控的感受完全不同。

对，除了创作本身，正念也在其中，我们始终保持着觉察，所以，我们并非为了画而画，不是为了那个结果，而是享受整个过程！在正念禅绕画中，我们学会退后一步，成为观察者，从而更容易觉察到自己的情绪以及身心的各种变化，比如，是烦躁还是平静？是带着目的地创作还是放下了目的？是为了别人的赞美而画还是和自己待在一起？是为了逃避还是面对？

原来其中包含这么多道理！看来这个正念禅绕画练习，果然是个正念训练啊！非常感谢卡老师，我以后不用每天打游戏，可以用画画来消遣了。

是的，很高兴看到你找到了好玩的正念练习。除了正念禅绕画，任何美术创作加上了正念都会变得更加疗愈。

正念画画

画画的过程就是天然的正念练习。创作时留意色彩、质地以及声音，就能把我们拉回到当下。你在画画时不需要刻意做任何正念冥想，只要自如得像个孩子一样，带着自由和好奇心去画就可以了。

无论你认为自己有基础还是没基础，都应用初学者的心态去开启美术创作，专注于美术创作的过程，而非在意最终白纸上的成果。

如果在这个练习的过程中，你感到舒适，可以多画一会儿，但是和任何冥想练习一样，在开始阶段暂停片刻或许能让你更加舒适。

打开五感去专注于当下的绘画体验。留意把铅笔握在手里的感受，是凉爽的还是温暖的，光滑的还是粗糙的？用笔划过纸面时，是顺滑的，还是需要施加一点压力才可以划得动的？

当你欣赏自己的作品时，尽量仔细地去看。画面上的线条和笔触是怎样的质地？是平滑的线条，还是曲折的？色彩是明亮的还是暗淡的？

不要去评判画作的好坏，用好奇和接纳的心态去对待整个画画的过程。

艺术疗愈提供了一个正念的空间，每一笔刷或每一个痕迹，都是当下存在与接纳的瞬间。

——林达·温伯格（Lynda Weinberg）

刚才提到的"心流"，我之前听到过，请问具体是什么意思？

最早提出"心流"（flow）概念的是心理学家米哈里·契克森米哈赖（Mihaly Csikszentmihalyi），用于描述一种极度专注、投入的心理状态。在这种状态下，人们对所从事的活动感到完全沉浸，时间感可能消失，同时会体验到一种高度的满足感和掌控感。

我很喜欢这种心流的感觉，如何才能达到呢？

米哈里认为满足以下四个主要条件，容易带来心流。

1. 清晰的目标和及时的反馈。需要知道自己想做什么，有了目标后，得有及时、积极的反馈。如果目标太遥远，反馈很慢，就容易中途泄气。可以把大任务拆分成小步骤，完成每一步都能带来满足感。

2. 平衡挑战与技能。选择的任务应该既具有挑战性，又在你的能力范围内。如果任务太简单，容易感到无聊；如果太难，则容易感到焦虑。那么，那种你跳一跳、拼命冲一下就能完成的任务就是合适的。

3. 专注当下。将注意力集中在正在进行的活动上，而不是担心结果或其他事情。这需要有一定的专注力，可以通过正念练习来提高专注力。

4. 接纳自我。减少对自我表现的评判，允许自己完全沉浸在活动中。

请记得，选择那些你真正感兴趣或有意义的任务，内在动机会更容易驱动你进入心流。

真好啊！看来练习正念是进入心流的基础。

是的，专注力是基础，而正念训练可以有效提升专注力。

还有个问题。现在除了我自己，很多人——包括我的闺密——都有过度刷手机的问题，是否有什么具体的方法来应对呢？

首先，手机这个东西并没有问题，毕竟我们工作、生活都离不开它。从某种程度来说，它是无害的，只是个工具罢了，所以，咱们别把手机当作一个"问题"或"敌人"，我猜你只是不喜欢自己浪费太多时间在上面吧？

是的，我常常忍不住去看手机，比如在跟人吃饭的时候、阅读一本书的时候，都会担心错过了什么而去看手机。半夜醒来时，即便知道手机的蓝光会影响睡眠，但就是会不由自主地去看手机。我不喜欢这种"身不由己"的感觉。

哈哈，你刚才提到的两个词，"不由自主"和"身不由己"，都是因为我们和身体、心失去了联结，练习正念恰好可以应对这个情况。"手机依赖"确实是个普遍现象，一项研究发现，过度依赖手机与孤独感和抑郁症状的增加有关。[12]

我就是其中一员！你刚才不是说，正念可以用于戒除成瘾吗？有没有什么具体例子？

有一个研究是关于"正念戒烟"的。[13]心理学家们让参与者不要"强迫自己不吸烟"，因为大家都知道，如果靠强迫自己不去吸烟来戒烟，将会十分艰难和痛苦。因为负责掌管认知的前额叶是不可信任的，当我们陷入低落情绪时，尤其是大脑渴望多巴胺时，前额叶就会"掉链子"，我们就会恢复旧的习惯，理性败给了情感。

在"正念戒烟"这个项目中，心理学家们鼓励参与者"带着好奇心"去好好抽烟，重新审视、观察自己抽烟的过程。你猜怎么着，许多"老烟枪"都说"烟的味道实在太臭了！再也不想吸烟了"。他们只想要抽烟带来的尼古丁刺激大脑分泌多巴胺，让自己感到兴奋，其实是不喜欢抽烟这个过程的。

用正念破除坏习惯，需要让自己先深层次地理解自己形成这个习惯的原因，对自己的行为有了觉悟，对这个习惯没有了兴趣，也就没有了做的动力。这就是正念培养的觉察力的作用。

大概明白了。以前我很喜欢买各种首饰，简直是痴迷，拦都拦不住，后来玩够了，没兴趣了，自然就不买了。越是抗拒，反而那个欲望越强烈！看来，我之前限制自己每天用手机的时间，坚持不下来，就是因为我在强迫自己，然而，痛苦的事情是无法坚持下去的！我想接下来需要做的是，在刷手机的时候提起觉察，看看自己到底在干什么！如果能意识到自己正在浪费生命，估计就不会继续了。

太赞了，你太有悟性了！下次忍不住看手机的时候，也不用自责和评判自己，只是暂停下来，去观察自己的情绪和渴望，看看下一步会采取什么行动。

好的，今天学到了很多知识和实用技能。还有什么需要我注意的吗？

今天学了不少内容了，咱们做一个轻松的正念冥想练习，带你进入想象中的一个场景。这个练习叫"湖中石冥想"。你需要在脑海中想到一个美丽的湖泊，可以是曾经去过的，可以是在电影、图片里看到过的，也可以是在书里读过的，还可以是自己想象的。
准备好之后，轻轻地闭上眼睛。

湖中石冥想

扫码听音频

湖中石冥想

　　坐着或躺下来做这个练习，找到让自己感觉舒适的姿势。

　　感受双脚和地板、垫子接触的压力感，用几次深长而缓慢的呼吸，让自己安顿下来。如果在练习的过程中发现自己走神了，只需要把注意力带回到双脚或者呼吸就可以了。

现在，请想象眼前有一个美丽的湖泊，或许是你曾经到访过的一个湖泊，或许是在图片上和电影里看到过的，又或是阅读的一本书中描述的，也可以完全是自己想象的一个湖泊。

想到这个美丽的湖泊后，想象这个场景：有个人把一块小石头扔到了湖中央。随着吐气，你仿佛看到了这块小石头打破了湖面的宁静，向下沉，就这样，一直沉到了湖底，躺在了松软的湖中心。在那里，小石头一动不动地躺着，不受水花或周遭世界的干扰。

如镜面般静止的湖面上，映照着湖泊四周美丽的大自然风景。夏季，绿树蓝天倒映在湖面上，动物们的鸣叫声回旋着。每隔几个小时，大自然和湖中倒影都会发生变化，渐渐地，余晖给湖泊染上了明亮的金黄色，再过一会儿，湖面上出现了星星和月亮的影子。一天过去了，自始至终，这块小石头一直在深深的湖底躺着，安安静静，不受干扰。

几天过去了，蔚蓝的天空开始变得阴云密布，暴风雨随之而来。慢慢地，滂沱大雨变成淅淅沥沥的小雨，湖面随着微风起伏。然而，湖面之下依然是平静的。

夏季落下帷幕，进入了秋季。树上的叶子在风中摇曳，湖面倒映的绿树变成了金色、黄色、橙色、红色。而这块小石头依然在湖底安静地躺着。

秋天的落叶纷纷落到湖面上，偶尔沉到了湖底，在一旁的小石头不为所动，只是安静地歇息着。

然后，冬天来了，树上的叶子掉光了，天空变成了白色。整个世界银装素裹，雪花飘舞。湖面开始结冰，紧接着冰面被大雪掩埋。然而，小石头仍在原来的位置保持不动。

随着冬天过去，冰雪融化了。树木开始冒嫩芽，春暖花开，鸟儿又回来了。随着春天的到来，大地复苏，生机勃勃。经历了四季，这块小石头依然在那里一动不动。

我们就像这个湖泊一样。尽管周围的世界在不停地变化，湖面倒映的景象也发生了翻天覆地的变化，甚至自己的样子也会随着时间的推移发生改变。但是在我们的内心深处，始终有一个地方如这块小石头那样，保持纹丝不动。周围的环境也许会影响我们，但不会动摇我们的心。

当你把觉察带回生活中，依然保持内在的稳定和宁静。要知道，只要你需要，这份宁静就一直都在那里。

1. 正念欣赏音乐

选择三首歌曲：第一首是愉快的、快节奏的歌曲，可能会给你带来愉悦、兴奋的体验；第二首是悲伤的、慢节奏的歌曲，可能是忧伤的情歌；第三首是你小时候会听的歌曲，可能是年代比较久远的童歌、民谣，或许会唤起你儿时的记忆。

躺下，闭上眼睛，调大音量，分别正念地聆听每一首歌曲。当你听不同的歌曲时，去留意情绪在你身体的哪个部位产生，观察情绪在身体里是如何呈现的。听完一首歌曲之后，停顿 1 ~ 2 分钟，把注意力带回到呼吸上，然后再继续。

在下列表格中记录听到歌曲之后的"想法""情绪"

和"身体感受"，以及在记录时留意到的思考。

注意，可以在听完每首歌曲之后记录当时的体验；也可以在三首歌曲都听完之后，再睁开眼睛来填写。当然，也可以选择自己喜欢的歌曲来正念聆听。

	想法	情绪	身体感受	回顾反思
愉快的歌曲				
悲伤的歌曲				
小时候听的歌曲				

2. 你头脑中的十大无益想法

当你对自己的想法进行了大量观察，看到同样的负面想法一次又一次地出现时，就知道这是自己固定的"思维模式"。只要觉察到，你最终就会发现自己不再"上钩"。

如何识别这些熟悉的负面想法，从而找到思维模式呢？可以给这些想法和思维模式进行命名，就可以在留意到想法出现时将其识别出来。

当你看到这些给自己带来负面情绪的想法时，或许你可以微笑着对自己说："老朋友，我知道你。这是我的'无论多么努力我都不配拥有'的思维模式……"只要认识到自己的思维模式是什么，便可以在你和想法之间创造一个空间。当你能够清楚地看到这些熟悉的思维模式时，想法就不再能够触发你强烈的"自动化反应"。

看看你能否找出对自己无益的思维模式。请在此处记录十个"负面想法"。

例如：我肯定做不成，没有人关心我、爱我。

第 5 天

微笑着正念

应对"社恐"并
修炼高情商

你越是留意自己内心的声音，
就越能够听到别人的声音。

——《非暴力沟通》作者马歇尔·卢森堡
（Marshall Rosenberg）

心外无物，心外无理。

——王阳明

昨天是否尝试了正念欣赏音乐？感觉如何？

听歌本来就是我喜欢做的事情，加上正念，确实感觉更加享受了，很放松、惬意。晚餐后我出门花了半小时正念散步，这给我带来了愉悦的感受。我也没再深夜点外卖或吃零食！

赞！可否多分享一下，你提到的愉悦的感受是怎样呈现的？换句话说，你怎么知道那是愉悦的感受呢？

我感到了眉头是松开的，呼吸顺畅，而且我这一晚也睡得非常好。
不好意思，你稍等我一下，我得拿手机处理个事情……
哎呀，气死我了，这个留言简直是对我的人身攻击啊！不行，我得怼回去！

第 5 天·微笑着正念——应对"社恐"并修炼高情商

发生什么事情了，河豚小姐？要不要暂停下来，想好了再回复？

哎呀，我手快，已经回复了……貌似是有点不妥，我现在赶紧撤回。
卡老师，看来我刚才"自动导航"了，没有正念，一气之下就不由自主地发了一些不那么中听的文字。

哈哈，很正常，我修习正念之前，也经常会这样，在失念的时候，说话不经大脑，往往在气头上，一些话就脱口而出了，然后说完就后悔了。

是呀，我经常为自己冲动之下说过的一些话而后悔。之前我跟一个发小吵架，就是为了一点小事，后来她就再也不理我了。看来，说话也得带着正念才行！请问，有没有什么窍门？

说到点子上了！能够正念地说话、与人正念沟通，是非常重要的。要知道，在任何工作中我们都需要跟别人打交道，在家里也一样，跟家人们保持良好的沟通也很重要。如何才能够做到正念沟通呢？那就是在整个沟通过程中保持头脑清醒、神智清明。

当我们通过练习正念具备了一定的观察力，就可以将其带入正念沟通之中，让我们不再由于某种情绪而言不由衷，而是作为一个"旁观者"，仿佛观察着这个谈话的进行，不陷入其中，始终保持理性。

听起来不容易，我明明是说话的一方，如何能做一个"旁观者"？

不急，先把刚才这个问题解决了。你不是正要回复一条消息吗？要不要在回复之前，先暂停下来，深呼吸几次，再采取行动？这样的话，不至于冲动而为。先不着急思考回复的内容，只是停下来，回到呼吸，这就好像给身体按下了暂停键，这样我们就有空间去冷静思考如何回复对方。

那我想想吧，如果我很生气却不能表达，意思是要掩饰内心、说一些客套话吗？

恰恰相反，在跟人沟通的时候，请诚恳地"说真话"，意思就是发自肺腑地说话。你可以表达自己当时的心情，比如有怒火，但是，无须用一些口气过于强硬的话来试图发泄情绪，尽量不抱怨、不输出负能量，而是摆事实讲道理，客观地描述，并且怀揣着一颗利他之心。

天哪，卡老师，这也太难了吧，估计只有圣人才能做到吧？要知道，嘴比我的心快，我哪里做得到啊，有没有适合"新手上路"的简化版？

哈哈，是的，正念沟通是不容易做到的。但其实也简单，你也知道，多说则多错，少说即少错。俗话说，少即是多。所以，有一个捷径是，尽量闭上嘴，能少说就少说，能不说就不说，多听即可。你看，我们每个人都有一张嘴、两只耳朵，说明我们应该多聆听、少开口。嘴巴，是用来微笑的！

哈哈！有道理，咱们都喜欢那些话少、愿意聆听的朋友。

我们每天都会大量地使用社交媒体，如何保持正念、把正念带入其中，就显得相当重要了。

正念地使用社交媒体

你可以把正念和觉知带到任何环境中，包括网络。

在你使用社交媒体之前，给自己一点时间，暂停下来，回到呼吸。

用几次深长而缓慢的呼吸，让自己平复下来。

让嘴角轻轻地上扬，微笑。

评估自己的意图，在发布动态或回复任何信息之前，问自己几个问题：

我将发布的内容是真实的吗？是我心底的想法吗？

我将发布的内容是带着善意的吗？不会对他人带来伤害吗？

我将回复的内容是必需的吗？不能用保持沉默来代替吗？

当自己能够肯定地回答这些问题后，再发布出去。

谢谢！你有所不知，虽然我在社交媒体上挺横的，但是，其实，我在跟朋友们聚会的时候，都不太敢说话……更别提在人多的时候当众发言了。明天我们单位的同事们组织了聚餐，同部门的小伙伴们和我还算比较熟络，但是还有别的部门的同事，所以，我这会儿正在犹豫要不要去呢。

你刚才说的情况并不罕见。有一个研究表明，人们对社会宽慰的需求，跟社交媒体的过度使用及失控性使用有关，特别是在认为自己缺乏社交技能的人群当中。[14]换句话说，"社恐"的人反而可能是过度使用社交媒体的那群人。当人们感到焦虑、无聊或孤单时，会发朋友圈或微博，期待有人点赞或评论，一旦有人互动，就得到了宽慰，孤独感消散，这种联结让人感觉良好。

感觉被你一眼看穿了……

看上去社交媒体帮助人们加强了互相联结，但是，有时这也会起到反作用：比如，许多人对社交媒体用得多了，反而见到真人就说不出话了。科研发现，有问题的网络使用行为受共情以及自我价值感的影响，并与社交退缩等有关。[15, 16]

事实上，花大量时间沉迷于网络社交，会导致并进一步加剧"社交退缩"，也就是实际生活中的社交能力减弱了。

这事实太"扎心"了，戳中我的痛处了……我一直以为社交媒体用得多，对改善人际关系有帮助，比如，我经常给别人的朋友圈点赞，以为这能够博取他人的好感，但现实中我并没有得到任何正向反馈，别人不会因此而主动给我点赞，所以，我以为大家都不喜欢我！长期下来，我就更害怕社交了。

你刚才提到不喜欢当众发言，这是从什么时候开始的？是有什么过往的经历吗？

我应该是工作后开始这样的吧。小时候我也觉得自己性格挺开朗的，喜欢跟人打交道，但自从有一次在单位开会，由于没有讲好PPT，被老板无情地批评，我好像后面就越来越害怕当众演讲了，慢慢地，聚会也不想去了，朋友也越来越少。

原来如此，看来那件事对你有很大的影响呢。你是否还记得，那次被老板批评的时候，你留意到了什么身体反应？或者你所记得的，在上一次当众说话时你身体的感受？

我感到心跳加速、出汗、颤抖、脸红，有时候还会头晕。

如果给当时的情绪命名，你会用哪个词？

应该是"恐惧"。我一直觉得自己"社恐"。

既然你提到了"社恐"，这个词倒是很热门，我身边许多小伙伴都说自己"社恐"，其实也有些过度使用这个词了。

传说中的"社恐"，就是社交恐惧症，也被称为社交焦虑症，是一种常见的焦虑障碍，主要表现为在社交场合中感到强烈的恐惧或焦虑。患有社交恐惧症的人，通常害怕在别人面前被评判或遭受批评，担心自己会尴尬或被嘲笑，因此，会对社交产生焦虑和恐惧。

所以，这是一种焦虑症吗？

是的，现在怀疑自己"社恐"的人越来越多，除了生理因素，这也跟依赖互联网和社交媒体有关。天天使用手机、"泡"在网上，会减少人与人面对面交流的机会，导致了社交隔离和人际关系质量下降。许多人在社交场合依赖手机而非与人交流，这影响了真实的人际互动和情感联结。

有道理。我在打游戏时，和网友聊得热火朝天，用微信跟人说话也可好了，但是，一见面就不行了，我就说不出话了，而且也不想见面，甚至尽量避免跟朋友见面。卡老师，你说我是咋回事呢？好端端的怎么会得社交恐惧症！

事实上，"恐惧"并非什么大问题，恰恰相反，恐惧是我们每个人与生俱来的一种情绪和能力，这是人类最古老的生存机制。恐惧通过一个叫作"负强化"的过程帮助我们学会在未来避免危险的情况。

在现代心理学中，"焦虑"被定义为："一种对即将发生的事件或事情的过分担心、紧张或不安的感觉，会在无法确定结果时产生。"

我们为什么会这样呢？难道是自己给自己制造恐惧情绪？

可以这么说！这是每个人大脑的特性，当我们的前额叶没有足够的信息来准确预测未来时，焦虑就会出现。没有准确的信息，我们的大脑很容易编造出恐惧和恐慌的故事，来做最坏的打算，其实这是利于生存的表现。除了受到不确定性的激发，焦虑情绪也具有传染性。

研究表明，社交恐惧症患者的杏仁核在面对社交情境时会表现出过度活跃。[17]这种过度反应导致他们对社交威胁的感知增强，进一步产生强烈的恐惧和焦虑情绪。

前额叶？杏仁核？这些名词都是指什么？

·今日脑科学·
大脑中的杏仁核和前额叶皮质

杏仁核（amygdala）

在大脑基底神经核，有一个杏仁状的脑结构，我们形象地称之为杏仁核。它是大脑中的"恐惧中枢"，主要负责调节情绪，也在记忆、处理压力反应中起作用。杏仁核与警觉和攻击行为有关。在杏仁核正常的情况下，当听说邻居家的狗咬伤了人，远远地见到这条狗，我们就会感到恐惧而尽量避开。但如果杏仁核受损，我们可能就不知道害怕、躲开，从而让自己被狗咬。焦虑症、自闭症和老年痴呆，都跟杏仁核的功能丧失有关。

前额叶皮质（prefrontal cortex）

人类有一个相对比较原始的生存大脑，在过去的几百万年里，大脑的顶部进化出了前额叶皮质（也称前额叶）。前额叶皮质参与创造性活动和计划性行为，帮助我们思考和计划未来。它基于过去的经验，从而预测未来会发生什么。如果缺乏信息，我们的前额叶皮质就会对可能发生的事情设想出不同的状况，并猜测最有可能发生的事情。此时，前额叶皮质会去搜寻过往最相似的事情，然后来做出相应的预测。

社交恐惧症患者的前额叶皮质活动可能较弱，导致他们在面对社交情境时难以有效调节自己的情绪和恐惧反应。这种功能失调使他们难以合理评估社交情境，过度担忧他人对自己的评价。

正念冥想被证明可以降低大脑的应激反应。练习正念可以减少杏仁核的活动，这可以降低压力激素（如皮质醇）的水平，从而减少对神经元的有害影响。

看来自称"社恐"不是一句玩笑话，听起来还挺严重的。这意思是我的大脑出现问题了？如果正念冥想可以让我的大脑恢复到正常的状态，我是不是就不会再"社恐"啦？

按照理想的情况来看，是这样的。正念冥想可以降低杏仁核的活跃度，并调节前额叶皮质的活动，让大脑回到正常状态，而不是过度反应，这样你就能够控制自己的情绪和行为了。

科研表明，正念能够帮助"社恐"的小伙伴减轻焦虑、降低压力，[18]从而缓解"社恐"的症状，如果再加上自我关怀和慈心练习，[19]可以有效提高自我价值感。

我明白，这是长期练习正念才能达到的。短期内，只要这些练习有助于改善我的情况一点点，让我别再当着很多人的面说话时颤抖，就已经很好了。

是的，哪怕刚开始练正念，它也会有帮助的。当然，改善人际关系是需要长期练习的一个过程，确实不是一蹴而就的，但我相信我们的练习是值得的。你愿意试试吗？

我愿意啊，但是我的大脑也没法一夜之间改变啊！话说回来，明天的聚会，我到底去不去呢？

有一个帮助我们应对"社恐"的练习，就从明天的聚会开始吧！你需要敏锐地捕捉身体的信号。如果在见到朋友们之后，你觉察到之前那样的身体反应，如心跳加速、出汗、脸红，可以用这个"心灵俯卧撑STOP"练习来救急。咱们先一起试试这个练习。

心灵俯卧撑 STOP 练习

心灵俯卧撑 STOP 练习，既是英文单词 stop 的字面意思"停止"，也是四个英文单词首字母的缩写。

1. 停下来（第一个字母 S 代表 Stop） 保证安全的前提之下，停止正在做的任何事情。

2. 缓慢呼吸（第二个字母 T 代表 Take a breath） 如果需要，做几次深长而缓慢的呼吸，释放掉身体中不必要的紧绷感。

3. 切换到观察者（第三个字母 O 代表 Observe） 退一步，观察自我，留意正在发生的事情，包括内在自我的感受，以及此刻外界正在发生的一切。

4. 执行计划（第四个字母 P 代表 Plan） 在感觉情绪平复之后，重新把自己带回刚才的情景中，并执行新的计划。

说明：这个心灵俯卧撑练习不用闭上眼睛，睁开眼睛也可以做，只需 1 ~ 3 分钟的时间，让自己回到当下，向内觉察自我、向外联结他人和周围环境，从"行动模式"切换到"存在模式"。

一开始咱们聊到正念沟通，我认为这个非常重要，因为沟通能力的高低代表了情商的高低。现在职场上，情商可能比智商还重要呢！

没错，长期练习正念冥想，可以有效提高情商。

话说回来，情商到底是什么呢？

情商，就是一种觉知、应对自己和他人的情绪和情感的能力，即在与他人的交往中可以辨识出这些情绪和情感，并使用这些信息来指导个人的想法和行为。从正念的角度来看，这是一种"驾驭心"的能力。如果我们能够很好地驾驭自己的心，自然能够从容应对一切外界的事物。

听上去有点高级！卡老师的情商就很高，朋友们都特别喜欢你。那我这样资质普通的人，如何能够一步步提高情商呢？

谢谢夸奖！想要获得高情商，第一步，从训练注意力开始。强大、稳定和敏锐的注意力能够让我们保持头脑冷静和清晰，这就是情商建立的基础。神经科学告诉我们，增强大脑调节注意力的能力，能够极大地影响我们对情绪做出反应的方式。进行规律的正念训练的人往往较少心不在焉和注意力分散，并且这些人即使在多个任务下也会展现出更好的专注力。

我说我情商咋不行呢，原来是因为我的专注力很差！在我练习正念的时候，特别明显地注意到思绪飘走了！甚至，思绪纷飞，拦都拦不住。

先不着急评判自己，至少你现在已经开始科学训练专注力了。每次当你发现思绪飘走了，你都是怎么做的呢？

大部分时候，留意到自己开始想事情了，我就会回到呼吸或者双手的感觉上来，听到引导词提醒的时候，我也会将注意力带回到关注的锚点。

做得很好啊！俗话说，"不怕念起，只怕觉迟"；我们刚开始练习正念的时候，可能要走神好几分钟才反应过来，随着我们的练习量增加，就会发现这个"注意到走神"的时间越来越短，比如，从五分钟才发现到一分钟就发现，再缩短到几十秒，再缩短到只要一走神马上就能捕捉到。我们的练习量有一定积累之后，会发现把注意力拉回来也会轻松、不费力。就好像渔网那样，只是静静地等待鱼儿游过来，而不是到处捕鱼、主动进攻，这样的守候轻松、不费力。我们在练习中也是如此，应保持着一份警醒，留意着任何风吹草动，而又不过度用力。

这个比喻很清晰，我理解了，就是觉得有点遥不可及。

这不是玄学，而是每个人都能做到的。从神经科学的角度来看，将注意力带回呼吸或者身体等锚点有助于增强大脑的神经回路；训练高情商需要大脑的理性和逻辑部分——前额叶皮质以及以杏仁核为中心的边缘系统之间进行有效的沟通。正念是连接大脑这两个区域的桥梁，持续练习这些技能便可以建立新的神经回路，然后，随着时间的推移，这些神经回路会变得更强、更有效。

可以想象一下，当你走在大雪覆盖的道路上时，刚开始开拓这条路很不容易，但是走得多了，便自然成了一条路，后面再走就很省力了。

前面介绍了，我们大脑的前额叶皮质是控制注意力的执行区域。杏仁核作为愤怒、焦虑等消极情绪的触发点，当它起作用时，会抑制前额叶皮质的活动，心理学家把这种情况形象地比喻为"杏仁核劫持"。这就是为什么我们焦虑或者生气时无法有效思考。如果我们能够让自己的杏仁核"冷静"下来，那么前额叶区域就能更有效地运作，从而更好地集中注意力。

了解到这些神经科学知识后，我觉得正念练习更靠谱了，不仅仅是心理作用。请问正念沟通有什么具体的方法论吗？

好问题！前面介绍的正念地使用社交媒体就是正念沟通的缩影，在我们的日常生活中，无论是开会、聚会还是一对一对话，跟同事、朋友、家人甚至孩子交流时，都可以使用正念沟通。这里有一个"正念沟通四步法"，刚开始的时候，我们可以对照这四个步骤来进行练习。

正念沟通四步法

第一步：我的发言是基于事实的吗？

在一个会议或一次谈话中，觉察到自己有了发言冲动时，先暂停下来自我觉察，包括在微信群聊的时候，也需要保持觉察。现在网络上各种假新闻、谣言满天飞，传播谣言会给人带来伤害，甚至造成人与人之间的误解。在无法确定信息是否真实时，先不要急着传播，也不要着急发言。

第二步：我说的话是站在利他的角度吗？会对他人造成伤害吗？

下定决心，不说任何可能伤害别人的话，这决心一定会帮助你在说话之前小心地思考。当你保持正念时，自然会真实、温柔并和善地说话。正念能让你免于用语言伤人太甚，若你说话的动机是有害的，可以先暂缓发言，深呼吸几次。

第三步：现在是发言的最佳时机吗？

也就是说，你说的话现在对方愿意听、能听得进去吗？比如对孩子的教导、跟客户的沟通，甚至跟心仪的人表白，有时候，选择恰当的时机，比说话的内容还重要。

第四步：我的发言内容在当下，对自己和他人都是最有利的选择吗？

自我反问，我想说的这个话非说不可吗？要知道，说话其实是很耗神耗力的，会让自己的能量消耗得很快，而沟通是双向的，如果自己心情不好，或是很疲倦了，沟通对自己无利，恐怕那时也不是沟通的好时机。是的，"沉默是金"，有时候适当的停顿、沉默，都是沟通当中非常重要的技巧。

现在职场中，"正念领导力"很流行，我也希望将来能走上管理岗，看来正念冥想对我的职业发展能有帮助呢！

是的，一名优秀的管理人员肯定是有较高的情绪控制能力的。换句话说，情绪稳定、具备高情商才能做好领导者。

那么，专注力提高了，情商就能提高了吗？

专注力提高是基础，然后需要加强"同理心"，简单来说，这是一种"懂得换位思考"的能力。作为领导者，要懂得从别人的角度去看待问题，无论是同事还是下属，又或是家人、朋友。要培养同理心，一般会通过"慈心冥想"练习，去刻意培养善意的态度，当然，这也是常规正念练习的一部分。"慈心冥想"已被证明能够让大脑的神经回路更活跃，所以练习者会更加懂得关心他人，也表现得更宽容、慷慨。通常来说，富有同理心的人，更可能向有需要的人伸出援手。

"慈心冥想"是什么？
怎么做？

简而言之，"慈心"是一种"大爱"，是希望所有人获得安乐和幸福的心，是希望所有人平安健康、远离身心痛苦的心。"慈心"这个词取自巴利文"metta"，可以通过一种叫作慈心冥想（loving-kindness meditation）的练习来培养。在这项练习中，我们会想到一个特定的人，让这个人的形象在脑海中浮现，然后默念一系列祝福型的话语，唤起对他人的善意。比如，常用的句子包括"愿你幸福""愿你平安""愿你健康""愿你生活如意"……我们可以把这些句子当作友善的祝福或美好的心愿。

当然，这些祝福不仅送给自己关心的家人、朋友，也要送给不认识的陌生人，甚至不喜欢的人，然后给地球上所有的人。另外，别忘了还有自己！

听上去离我有点遥远，我感觉自己好像没那么伟大。你也练这个吗？

哈哈，并不是为了让自己变成什么伟大的人，我个人长期练习慈心冥想后，感觉内心更加洁净了，身心柔顺、轻松，所以，向他人发送善意也对自己有益。

我不确定自己能不能做到那么有大爱……

不用有压力，慢慢来，咱们现在先一起试试？
请调整一下坐姿，让后背挺直，轻轻地闭上眼睛。如果你愿意，可以把一只手或两只手放在胸口之上，感受掌心的温度。请温柔地提醒自己：接下来的练习中，不但要唤起对于自我体验的觉知，更要唤起一种充满"爱意"的觉知。
我们会先从一个关心和爱的生命开始发送慈心，再到我们自己，然后是更多人。

慈心冥想

扫码听音频

慈心冥想

　　闭上眼睛之后，把注意力带到双脚，感受一下双脚和地板、垫子接触的感觉。然后关注此刻的呼吸，以及呼吸在身体中的感觉。

　　吸气，呼气……

　　现在，请在脑海中想起一个你关心和爱的生命，想到它让你不禁露出微笑。你们之间的关系轻松、愉快、不复杂。你想到的可能是小孩、长辈，也可以是宠物，不论是谁，只要能为你的内心带来快乐就好。但请不要想自己的孩子，因为那样的关系会更复杂。

就这样，在脑海中清晰地想象它的样子，让自己感受这个生命的陪伴、你们在一起时轻松愉悦的感觉，允许自己享受这美好的陪伴。

想一想这个生命想要得到怎样的快乐，想要如何远离苦难，就像你和其他生命一样，然后把内心的祝福送给它。请默念下面的句子，感受其中的力量：

愿你远离疾病的痛苦，愿你健康平安，愿你生活如意，愿你幸福快乐。

也可以是其他常用的祝福话语，可以用自己的话说出来。或者，你也可以继续重复上面的句子，就好像在耳边轻柔地述说那般。

如果你发现自己走神了，就让注意力回到这些句子，或是所爱的人或宠物身上。享受出现的任何温暖的感受。

现在，把自己加到祝愿的对象里，发送慈心祝福。想象自己跟所爱的人或宠物在一起，想象你们在一起的温馨画面。默念或轻柔地说出下面的句子：

愿我们远离疾病的痛苦，愿我们健康平安，愿我们生活如意，愿我们幸福快乐。

现在，加上其他你关心和爱的家人、朋友，可以清晰地想到他们的样子，也可以只是构建他们的模糊轮廓或印象。然后把慈心祝福送给他们，轻柔地低语：

愿你们远离疾病的痛苦，愿你们健康平安，

愿你们生活如意，愿你们幸福快乐。

（用温暖的语气重复数次。）

现在，把慈心祝福送给更多的人，除了你关心和爱的人或宠物，也送给不那么熟悉的朋友们，以及陌生人。在脑海中想象这个画面，你和所有人在一起。

默念或轻柔地说出下面的句子：

愿我们远离疾病的痛苦，愿我们健康平安，愿我们生活如意，愿我们幸福快乐。

最后，放下刚才所想到的画面，重新把注意力集中在呼吸上，需要的话，用几次深呼吸来释放掉不必要的紧张感。

感受整个身体的感觉，让自己全然回到自己的身体中，不论此刻有怎样的感受，都无须否定或试图改变，只是"如其所是"，允许自己，做真实的自己。

慈心冥想
Q&A

1. 慈心培养的"大爱"跟平时提到的爱不一样吗?

慈心培养的"大爱"不属于男女间的情爱。男欢女爱是"贪爱",不是"慈心";"贪爱"是炽热的,而"慈心"是清凉的。"慈心"是一种爱,但没有执着,它是一种远离执着的爱心。"贪爱"有一份贪婪和执着,而"慈心"是不会有执着的。

2. 慈心冥想的祝福对象是否有顺序?

我们推荐你从一个爱和关心的人开始,因为这样更容易激发慈心的浮现,然后对自己说出祝福的话语,把慈心给自己也是非常重要的。接下来,再扩展祝福对象,除了爱的人,还可以是关系一般的人,甚至是与自己萍水相逢的陌生人。最后,将发送慈心的范围继续扩大,可以将地球上所有的生灵都包含在内。

3. 可以给任何爱的人发送慈心吗？

建议初学者不要发慈心祝福给自己非常爱的人，比如孩子和伴侣。因为，一开始就拿自己最爱的人来修习慈心冥想，有时候会想起这个人曾受到的痛苦与病痛。因为自己很爱他，所以只要想到爱人所受到的痛苦，自己的内心也会跟着难过与痛苦。那样的话，就不会升起慈心了。因此，最好等经验丰富了、练习得熟练了，再发送慈心给非常爱的人。

另外，不要以已经去世的故人为发送慈心的对象，因为可能会联想到因此人去世后不能见面而产生的种种痛苦。

对于与自己相处不愉快的人，甚至是讨厌的人，也可以在练习慈心冥想一段时间、熟练以后，再将其加入祝福的对象之中。

4. 可以自己写慈心短语吗？怎么写？

是的，可以写下自己喜欢的慈心祝福，基本原则是简洁、明了、真诚、友善。就好像创作一首美好的诗歌一样，字数不用太多，但要饱含真情。

请留意，祝福语不一定是积极的肯定，例如"我每天都在变得更健康"，因为我们只是在表达良好的意愿，而不是自欺欺人。所以，慈心句子通常以"愿你""愿我"，以及"愿你们、我们"来开头。

另外，句子需要具有概括性，比如你可以说"愿我健康"，而非"愿我远离某种疾病"。在表达慈心短语的时候，语气也是非常重要的，最好是带着友善和温柔的语气，而非盛气凌人的、命令的语气。送出慈心祝福的时候就像对着某个你爱的人的耳朵说悄悄话那样，带着一份温柔和关心。请记得，最重要的是祝福语背后的态度。

5. 慈心冥想能带来什么改变？需要练习多久能看到效果？

慈心冥想培养出来的那些良好心愿，能够让我们内心的自我对话更具有支持性，也能改善我们的心境。研究发现，慈心冥想具有"剂量依赖性"，你做得越多，效果就越明显。[20]慈心冥想的一项最主要的好处就是减少焦虑、悲伤、愤怒等消极情绪，增加包括幸福与喜悦的积极情绪。

6. 如果练慈心冥想找不到感觉怎么办？

在以某个人为对象发送慈心祝福时，内心没有浮现慈心，也没有感受到慈心，都是正常的，尤其是初学者，还处于培养慈心的初期。另外一种情况就是在练习中无法集中注意力，总是走神，想别的事情。如果这样试着去练习已经长达5～10分钟，慈心依然没有浮现，那就要换一个对象来练习慈心冥想了。若还是不顺利，那就要再换一个对象。

请记得，发送慈心祝福的目的是唤起内心的善意，不是要达到某个目的或一定要让这些祝福实现。或许，做一次慈心练习不会直接改变我们的负面情绪，但至少能让坚硬的内心变得柔软；另外，练习慈心冥想也不是为了获得良好的感受，不过，良好的感受是内心充满善意必定会带来的附属品。

滋养和消耗的清单

请闭上眼睛，想想在一个典型的工作日，你都会做哪些事情，从早晨睁眼开始到晚上入睡前，每一件会做的事情。在下面列出你将会做的事情，不用记录细节。然后再依次对每个事情做个归类：是滋养、消耗还是中性的？如果是滋养，再进一步分类：是带来了愉悦感、成就感，还是让你感到与人产生联结？

事情	滋养／消耗／中性	把滋养活动分类 愉悦感／成就感／联结感
早上挤地铁和公交车去上班	消耗	
上班开会	有时滋养、有时消耗	有成就感以及跟同事的联结感
中午练习正念冥想	滋养	愉悦感

思考：

有没有什么消耗能量的活动是你可以完全停止、放弃或者少做一些的？

例子：刷短视频本来可以起到放松的作用，但是看的时间太长，导致睡太晚，就变成了一种消耗，可以少做一些。

....

....

....

....

....

是否有一些消耗性的活动，如果采取不同的方法和态度，会变成滋养性的？

例子：每天通勤，坐公交车堵在路上，让人感到烦躁、非常消耗，但这也是没办法改变的事情。不如在车上听音乐、听有声书，或是练习正念，把这段时间利用起来，感觉没有浪费，就变成了一种滋养。

....
....
....
....
....

有没有什么能让你愉悦、带来滋养的活动并不在这个清单上?那么,可以每天安排更多滋养的活动给自己吗?

例子:每天中午或晚上吃完饭,独自出门散步透透气,哪怕只有十分钟,也让人感到心情愉快,有时候太忙了就懒得出门了。其实这个活动是每天都能坚持做、并且可以带来滋养的。

....
....
....
....
....

第 **6** 天

正念爱自己

应对催婚和
外貌焦虑

你的任务不是去寻找爱，
而只是寻找并发现你内心构筑的高墙，
那堵阻碍你得到爱的高墙。

——鲁米（Rumi）

河豚小姐，在练习了慈心冥想和正念沟通之后，有什么想要分享的吗？

谢谢卡老师，我今天早上起床时还做了慈心冥想呢，然后，我发现自己是带着微笑出门的！

太棒了。对啦，你今天很漂亮哦！

哈哈，被你发现了。我今天打扮了一番，因为今晚有个约会……是相亲。

好事啊！看到你这几天状态调整得很不错，相信只要睡眠好起来，再坚持每天正念冥想，你会越来越好的。

是的，我现在不会让自己浪费太多时间去胡思乱想，而是少想多做、少说多听，我发现这样就不会陷入负面情绪的旋涡了。昨天跟朋友们聚会，聊得很开心，但是说到相亲，我就没啥信心了！你看我这么胖，估计没有人会看上我吧？不光是身材不好，而且我皮肤也不够白，因为我喜欢在海里游泳。

哎！我根本和"漂亮女孩"不沾边，要不，晚上的约会取消吧？

用什么借口好呢？对，我就说加班！

但是，会不会让安排饭局的闺蜜为难呢？

呜呜呜……

亲爱的，来，我们一起深呼吸几次。

吸气，1，2，3，呼气，1，2，3，4，5……

请把双手放到胸口上，一只手也可以。

轻柔地抚摸心房的位置。

感受一下掌心的温热，

仿佛透过手在给身体传递温暖和关怀。

实在不好意思，我刚才被击中了泪点。

没关系，看来今天晚上的约会给你带来了很大的压力呢！刚刚的情况是大家面对压力时都会产生的反应，在这个压力事件之下，你启动了"威胁防御系统"，想要采取逃避的应对方式。其实，所有人可能都会这样做，不是你的问题！
那么，现在你感觉如何？

我刚才说到这个事情后情绪崩溃了，这是正常的吗？我也不知道怎么回事，但是，现在感觉好多了！你带着我用手捂着胸口，就这样待了一会儿，仿佛堵在胸口的大石头就消失了，好神奇。你说到"威胁什么系统"，那是什么呢？

是的，由于联想到晚上的相亲，你的"威胁防御系统"顿时启动了，因为这个事件对你来说就是个"威胁"，所以身体自动地产生了反应。然后，当我们把温热的手放到身体上轻柔地抚摸时，就会切断这个系统并触发身体，使之切换到另一套"安抚照料系统"，让我们的情绪安稳下来。许多小伙伴都反馈说，做类似的简单动作能瞬间起到安抚作用。

我也觉得自己在把手放到胸口后得到了安抚，以后，只要出现像刚才那般情绪激动的时候，我就可以把暖和的双手放在自己的身体上，温柔地抚触自己，这样就能让我从情绪风暴中出来，回到安全和舒适的港湾。请问这个方法有科学依据吗？

有！让咱们继续来多学习一点儿相关知识。

·今日脑科学·
威胁防御系统和安抚照料系统

提出这个观点的，主要是英国心理学家保罗·吉尔伯特（Paul Gilbert），他是慈悲聚焦疗法（compassion-focused therapy，CFT）的创立者。他认为，当我们在严厉地批评自己时，会启动身体的威胁防御系统，这是因为当我们在感知到威胁的时候，杏仁核会被激活，身体会释放皮质醇和肾上腺素，做好战斗、逃跑或僵化（fight-flight-freeze）的准备。这套系统很擅长保护我们的身体，使其免遭不测，但在当今时代，我们所面临的大多数威胁都是自己对自己不满意，自己给自己找碴！

当我们觉得自己不好时，就会感觉受到威胁，所以我们会攻击问题的所在，那就是我们自己。每当我们感到威胁时，心理和身体都会承受压力。威胁防御系统一旦被激活，就会引起心率加快、肌肉紧张，如果长期处于这种压力反应中，会导致免疫功能低下，消化系统受损，代谢功能下降，带来许多慢性疾病，并使人陷入焦虑和抑郁。这就是为什么习惯性的自我批评对情绪和身体的健康都很不利。在自我批评的时候，我们既是"施暴者"，也是"受害人"。

好在，人类作为哺乳动物，在演化进程中为了养育后代，也发展出了另一套安抚照料系统（mammalian care-giving system）。当这套系统被激活时，人体内会释放催产素和内啡肽，让你感觉到爱和关心，而这些激素会降低压力，提升安全感。对身体进行充满温柔的抚触，加以温和的语言，就可以激活安抚照料系统。在这个系统启动后，我们能感受到温暖和关怀。

原来如此，怪不得小·婴儿哭闹的时候，只要抱起来拍拍屁股、摇一摇，他就会安静下来。我小·时候进考场之前焦虑得不行，这时候，如果妈妈抱抱我、爸爸摸摸我的头，我就会感觉被爱充上了电，原来是这个生理学机制呢。

是的，除了外界环境出现危险因素之外，当我们批评自己时，也会自动启动身体的威胁防御系统，让我们陷入"战斗-逃跑-僵化"的压力反应模式。在我们对感知到的危险做出反应的众多方式中，威胁防御系统是最快并且最容易触发的，这套系统在我们的基因中已经根深蒂固了。

我觉得我还会陷入深深的"自我批评"。

没错，这往往是我们的第一反应。除了去"战斗"和做无谓的抗拒以外，在陷入威胁防御系统时，我们可能会用"自我谴责"的方式来狠狠地攻击自己，然后我们就会试图逃离这种批评，或者原地僵化，这表现为思维反刍。

那如何才能让自己不自动化地陷入威胁防御系统呢？

问到点子上了！刚刚这个简单的自我关怀练习就能让我们从威胁防御系统跳出来，并激活安抚照料系统。身体被温柔地触碰时，大脑会释放催产素和多巴胺，这有助于减轻压力，增加安全感，带来平静和幸福感。

真好，我可以把这个练习介绍给家人和朋友吗？

当然可以。我管这个练习叫"爱的安抚"，它轻松易学，除了抚触胸口，还可以带着爱去触碰其他身体部位。不同的触摸方式会在不同的人身上引发不同的情绪反应，希望我们都能找到一种能真正让自己感到支持和得到安抚的触摸方式，这样一来，每当我们处于压力之中时，就能用这种方式来安抚自己。
不如我们现在一起试试？让我们用自己的身体来探索一下。

爱的安抚

找到一个不被人打扰的空间，坐下来。我们先来一起做个迅速的身体扫描，用英文单词首字母缩略词 SCANS 来代表五个身体部位。scan 这个单词本身的意思是"扫描"，记住 SCANS，就能轻松记得这个扫描练习的五个身体部位。

现在，请依次将注意力带到胃部、胸部、双臂、颈部、双肩，这些身体部位往往储存着大量的情绪。

觉察胃部（stomach）：此刻，它是放松的、柔软的，还是紧绷的？

来到胸部（chest）：现在，有什么样的感觉？心跳怎么样？胸腔中能感受到呼吸吗？

感受双臂（arms）：胳膊是紧张的还是放松的？双手的姿势是怎样的，紧握还是松弛？

扫描颈部（neck）：此刻颈部是放松的还是紧绷的？如果有不舒服，是酸胀、疼痛或其他感受？

最后，把注意力带到两边的肩部（shoulders）：此刻，双肩是耸起来的吗？还是下沉、自然放松的？

扫描完身体后，我们一起来探索一些能让自己感到被安抚的手势，可以试试下面列举的方式，看看哪种方式能够最大限度地为自己带来安全感并起到安抚的作用。

或许闭着眼睛来探索会让你更好地去感受，在触碰身体的过程中，去耐心聆听身体的呼唤。

- 把一只手放在心房的位置上；
- 试试两只手一起放在心房的位置上；
- 轻柔地摩挲自己的胸口；
- 一只手放在胸口，另一只手放在腹部；
- 把两只手分别放在上腹部和下腹部；

- 把一只手放在脸颊上，另一只手放在脖子上；
- 用两只手捧着脸庞，下巴轻轻地依偎着双手，让脖子松弛下来；
- 轻轻地抚摸自己的胳膊，仿佛在给自己做按摩；
- 双臂交叉，给自己一个温柔的拥抱；
- 用一只手轻柔地握住另一只手；
- 用手掌盖在自己的大腿和膝盖上。

带着一份充满爱的觉察，请继续用双手去探索，直到你找到一种让你真正感到温暖、舒服的抚触方式，仿佛在触碰的时候有爱的电流在身体中涌动，通过双手的触碰，感受到自己给了自己一些能量。

请记得，每个人的身体感知都是不一样的，请听从自己身体的声音。

在生活中，当你需要的时候，随时都可以像这样自己给自己充电，自我赋能。

在刚才的练习中，你有怎样的感受？

在练习的过程中，我感觉身体放松下来了。但是，卡老师，现实问题如何解决呀？我妈还催婚呢！而且，今晚的相亲貌似也无法逃避。

是哦，那我们回到你提出来的这个疑惑。现在，请你觉察一下，当你想到这个事情，包括相亲、催婚等，此刻，有怎样的情绪涌现出来？用一个词语来描述一下。

我感到的是"悲伤"，觉得自己的外形不够美，我内心为自己感到难过！而且，再怎么努力，我都不可能比得上身边那些漂亮的人儿，像我这样的身材长相，根本不可能找到男朋友了。我感到好委屈！

你看到了自己的悲伤，还有委屈。如果你愿意，能不能再继续探索一下，这样的情绪给你带来了怎样的身体感受？具体在哪个部位？

我感到呼吸加快了，胸口闷，心堵得慌！想为自己申辩，但是又百口莫辩的感觉！

听上去你留意到了一些明显的身体感受，还有难过的情绪。要知道，亲爱的，不是只有你一个人这样，任何人面对催婚、相亲的压力，都会有类似的感受。你不是孤独的，能否允许自己有这些不愉悦的体验？
让我们给自己一个抱抱，然后用一种带着理解的口吻试着对自己说：
这的确不容易，我站在你这边，我是关心你、爱你的，发生什么都没有关系，我支持你的决定，愿你有勇气去面对一切……
可以对自己说出任何此刻想听到的话。

我刚才对自己说："河豚小姐，愿你有勇气去面对一切！你是最棒的！"

没错，你已经很好了，不需要做出牺牲。难过的时候，记得抱抱自己。

卡老师，谢谢你！刚才咱们的聊天仿佛让我胸口的淤堵溶解了，现在我觉得，也没啥大不了的，不就是吃顿饭，认识个新朋友嘛，况且，我觉得自己也挺好的。好多朋友也都单身，也都被父母催婚呢，这好像是个普遍的社会现象。

是的，不用想太多，生活已经那么不容易了，还不能对自己好一点儿，放自己一马吗？当我们脆弱、难过、痛苦的时候，就是运用自我关怀的时候。

刚刚我运用了自我关怀吗？

对啊，自我关怀有三个要素，正念、友善待己、共通人性。刚才我引导你去觉察自己的想法、情绪和身体感觉，这就是通过正念把自己带回到当下；在觉察到自己很难过的时候，给自己多一份允许，并接纳真实的自己，这就是友善地对待自己；当你想到别人也面临同样的情况，并不是只有自己有这样的经历，这时感觉稍微好点儿了，这就是共通人性。

确实是这么一回事！
我刚看到这里有一只猫，好可爱，这是你的猫吗？

你发现小·猫啦，其实，猫猫狗狗都特别正念。当我们全心全意地跟宠物在一起的时候，不仅它们能感知到，同时我们自己也会得到疗愈。
河豚小·姐，咱们一起来正念撸猫吧！

正念撸猫

当猫趴在你的腿上时，在这里停留一点儿时间。

感受猫在你腿上趴卧的方式。

感觉一下猫身体的轮廓、柔软的肚子，以及纤细的腿。

探索一下，这种温暖的感觉是遍布你的膝盖，还是集中在腿上的某一点。

从头到尾地轻柔抚摸猫，并观察它的反应和回应。

从额头到下巴，轻柔地用手指给猫挠痒痒。

你会感觉到抚摸猫时的手感变化，因为它下巴的毛会更加柔软。

倾听猫发出"喵"的声音，感觉这喵声在大腿上的震动。

凝视猫的眼睛，它们是半闭的还是全闭的？

感受猫的呼吸，同步地加深你的吸气和呼气。

当猫准备离开的时候，放它走就好，这正是猫科动物需要的独立。

喜欢撸猫？那就全心全意地撸猫。当你全然地跟猫咪在一起时，它也能感觉得到。

跟狗狗一起玩耍同样是练习正念的好机会，要知道，狗狗是很正念的，总是全身心地等待着主人，并全心全意地玩一样东西。不如跟狗狗一起练习正念，同一时间只做一件事。

我发现猫咪好正念啊！当我们抚摸它的时候，它特别沉浸和享受的样子，不像有任何杂念和烦恼，真羡慕啊。

是呢。你肯定听说过导盲犬，它们被训练来帮助盲人正常生活，动物对我们有很多帮助。现在针对心理问题，有一种"宠物疗法"，在心理学中被称为动物辅助治疗（animal-assisted therapy，AAT），治疗猫和治疗犬就是小小的心理辅导师，经过专业训练的猫猫狗狗来到有心理障碍的主人家里，帮助这些患有自闭症、焦虑症、抑郁症等心理障碍的患者。

我还听说过马术治疗（hippotherapy），将骑马活动与专业治疗技术相结合，针对身体和心理进行康复训练。估计以后还会有"卡皮巴拉疗法"！

没错，从卡皮巴拉治愈河豚开始。

哈哈，目前去领养一只狗或猫是可以实现的，也可以去宠物咖啡馆。

是的。当我们带着纯粹的爱去抚摸它们时，我们的安抚照料系统会被启动，猫和狗的温暖回应会刺激我们大脑分泌血清素和催产素，这些是让我们感受到爱的激素。通过与可爱的猫和狗的互动，人们可以感受到爱、支持和安慰。

真好！以后在家我就有伴儿一起正念了。

另外，我还想再请教一下关于外貌焦虑的问题，怎么克服这个问题呢？

这是个好问题。确实，现在许多女孩子通过拼命节食来减肥，仿佛越瘦越好，这些都是因为内心的外貌焦虑。河豚小姐，很高兴你说出来了，这就意味着你看到了并愿意正视这个情况。但事实上，外貌焦虑并不是需要"克服"的问题，这就不是"问题"，所以也不需要去解决。

为啥不是"问题"呢？我觉得我的自卑主要就是对于外貌的焦虑，从小到大我都是微胖身材，连亲妈都说我太胖了，所以才嫁不出去！每次跟小姐妹吃饭逛街，她们都说我皮肤该保养了，还让我好好学穿搭和化妆……

哈哈，原来是因为妈妈和小姐妹们。发现没，外貌焦虑主要源自跟他人的比较，还有他人的目光和评判！

是啊，我妈是罪魁祸首！很多压力和焦虑都是原生家庭给我带来的！

我特别理解你说的这点。的确如此，我们的性格、人格是从小逐步形成的，而对这个过程影响最大的就是父母。话说回来，我们的优点也来自父母。

不受外界影响也太难了！网上各种精心制作的穿搭照片冲击力太大了，我越看越觉得自卑。即便照着商家模特那样全套购买了，穿到自己身上就变成了"买家秀"，好尴尬！练习正念能帮我减轻这种外貌焦虑吗？

这个嘛，在科研上证实过，正念冥想可以延缓衰老。诺贝尔生理学奖得主伊丽莎白·布莱克本（Elizabeth Blackburn）博士的一篇科研论文就是讲这个的。[21] 在她的这项针对239位健康女性的研究中，那些思绪飘移更少（正念冥想的主要目的）的女性的端粒长度显著长于那些思绪乱飞的女性。要知道，端粒酶活性越高，人就越不容易衰老。

哇，这么神奇啊！太好啦，这就是我坚持正念冥想的动力啊！

哈哈，先声明，正念冥想可不像医疗美容那样见效快哦！而且，任何方法都只是延缓衰老，不代表我们"不会衰老"，希望你能够理解。生老病死本就是自然规律，没有人能够与之抗衡。如果真的想对抗衰老，那只会平添烦恼！反抗自然规律，那不是自己气自己嘛。

话虽如此，我还是无法愉快地接受自己会越来越老和丑的现实……

这也正常，没有人能一开始就轻松地接受生老病死的事实，慢慢来！看看布莱克本博士这篇论文的开头，源自我们东方的一段古老的智者的文字——
"身心健康的秘诀不是为过去而哀悼、为未来而担忧，或预设莫须有的麻烦，而是明智而认真地生活在当下的每一刻。"[22]

好有道理，这是金句，我得记下来！我确实想太多了，看来我真是庸人自扰！还不如把时间多花在正念练习上！今天有没有什么推荐的正念冥想练习呢？

今天的一个冥想练习叫作"就像我一样"，我会邀请你在脑海中想一个人，以他为练习对象，可以先从你熟悉的、关心的人开始。如果在练习的过程中感到任何不适，随时可以暂停想象并回到呼吸。

就像我一样

扫码听音频

就像我一样

　　在这个冥想练习中，会运用到想象力，你需要在脑海中想一个练习对象，你和他有一些联结感。你可以自由选择不同的对象，可以是你认识的人——家人或朋友，也可以是你并不熟悉的人，甚至可以是陌生人。当然，也可以是你脑海中想象出来的一个形象。

首先，让自己安顿下来，用几次深长而缓慢的呼吸，释放掉身体中任何紧张感。

请注意，在练习的过程中，如果发现自己走神了，请把注意力带回来，回到呼吸和身体；如果留意到任何不适感，比如创伤的回忆带来难以承受的情绪，请先暂停这个练习，可以把注意力带回到呼吸，或是睁开眼睛，等情绪平复之后，再重新回到这个练习中。

现在，如果你感觉合适的话，请在脑海中引入这个练习对象，尽可能生动地想象他的样子，用内在的眼睛安静地观察他，留意外貌、姿态或其他任何你能看到的特征。请尽可能在脑海中详细地描绘出他的形象。

准备好之后，在内心默念以下句子：

这个人，就像我一样，他有着完整的身体和心灵；

就像我一样，他有感受、想法、情绪和冲动；

就像我一样，他在生活中经历了身心上的痛苦和折磨；

就像我一样，他有时会感到悲伤；

就像我一样，他有时会感到失望；

就像我一样，他有时会感到愤怒；

就像我一样，他有时会感到难过；

就像我一样，他有时会被他人伤害；

就像我一样，他有时也会感到不配得；

就像我一样，他有时会感到担心和焦虑；

就像我一样，他有时也会感到恐惧和害怕；

就像我一样，他也渴望长久的友谊和联结；

就像我一样，他也会有一天离开人世；

这个人正在学习如何生活，就像我一样；

这个人也希望友善对待他人，就像我一样；

这个人也想对生活所给的一切感到满足，就像我一样；

这个人也希望摆脱痛苦和折磨，就像我一样；

这个人也希望获得安全、健康，就像我一样；

这个人也希望快乐、自在，就像我一样；

这个人渴望被爱、被看见，就像我一样；

这个人渴望被听到、被理解，就像我一样；

这个人也希望幸福，就像我一样；

这个人也有梦想、希望和目标，就像我一样。

在重复这些句子的过程中，试着感受与这个人之间的共同点，并意识到，他和你一样，也有着人类所共有的情感和类似的经历。

最后，可以对这个人表达内心的善意和祝福：愿你幸福，愿你健康，愿你平安。

重新把注意力带回到呼吸，放开刚才联想到的任何场景。

准备好之后，睁开眼睛，结束练习。

河豚小姐，现在感觉如何？哎呀，怎么眼睛红红的？

是的，我刚才选择了妈妈作为我的练习对象！然后就感觉好亲切、好熟悉，于是泪花开始往上冒，做完这个练习，我突然觉得跟妈妈有了前所未有的联结感。我好像理解她了。此前我很反感，因为她一直催着我相亲、结婚，现在想想，妈妈也是希望我幸福、快乐而已，但她并不知道这给我带来了压力。我想，我应该是原谅她了。

真好，一开始你有提到妈妈给你带来的压力以及"原生家庭的罪"，现在看来这个想法松动了？那么，你愿意向妈妈敞开心扉吗？你能够把内心的真实感受以及相亲带来的压力如实地告诉她吗？

我会尝试一下的！谢谢你，这个冥想练习对我冲击力挺大的。

有收获就好！以后你对这个练习熟悉了，还可以挑战一下，把自己作为练习的对象，或许你会有新的发现。

把自己作为练习对象？我其实很害怕看到镜子中的自己，因为，我觉得自己不够漂亮、不完美，所以我并不喜欢照镜子，也不敢仔细看自己。

理解！不如，让我们暂停讨论，用呼吸把自己带回到当下。现在，请在脑海中想到三个你所爱的人，是你所关心和在意的人。然后，把祝福送给这三个你所爱的人。
现在，请睁开眼睛，把觉察带回到身处的这个房间。

谢谢你给我这个暂停，这是我所需要的。

我很好奇，这三位你所关心和爱的人，有没有包含你自己呢？

哎！我想到了爸爸、妈妈和妹妹，没有我自己啊！我压根没想过自己。

是的，这很正常。我跟许多小伙伴做过这个小测试，他们基本都跟你一样，提到所爱的人，自己都进不了前三名。我们发现，大部分人都是爱他人比爱自己更多。

我太惊讶了，妈妈一直说我很自以为是，只知道顾自己，我也以为自己是最重要的。难不成，我不爱自己？

毫无疑问，我们是想要去爱自己的，只是不懂得什么是真正地爱自己，也不知道如何关心自己。你觉得怎样是爱自己呢？

我以前觉得给自己买好吃的东西、贵的香水，就是爱自己；现在，我希望能够呈现自己真实的样子，胖也好，不够漂亮也好，都没关系，我都能够超级有自信。但是，那需要好大的勇气，我不知道如何才能做得到。

没关系，每个人都需要学习如何更好地去爱自己，并学会自我关怀！确实，这不是轻易就做得到的。事实上，我们都在学习重新养育自己。

这句话真是击中我了，原来，我从来没有意识到，我并不爱自己，因为我根本不接纳真实的自己，总是对自己百般嫌弃、充满了负面评判。看来，我要好好学习如何爱自己！

是的，我们往往对自己百般刁难，完全没有宽容和耐心，很高兴你能意识到这一点，并且愿意承认，这已经是迈出重大的一步了！事实上，当你开始自我觉察的时候，一切都将开始发生转变。我们可以学习如何有逻辑地进行"自我关怀"。

通往"自我关怀"的五个路径：

（1）身体——照顾你的身体。

（2）心理——允许你的想法存在。

（3）情绪——接纳你的感受。

（4）关系——真实地与他人联结。

（5）精神——建立并培养自身的价值。

好的，我想好好学习一下自我关怀，而且还想以另外的人为对象，再试试"就像我一样"这个冥想练习。

"就像我一样"
练习 Q&A

1. 这个冥想练习会对我们有什么实际帮助吗?

这个冥想练习可以帮助我们培养对他人更深的理解,减少对他人的评判和偏见,增强同理心。这对于改善人际关系、处理冲突,以及提升整体幸福感都有积极的影响。长期坚持做这个练习,能逐渐改变你看待他人和世界的方式。你可能会发现,自己变得更加宽容了,对他人的各种处境更加容易理解了,因此,对他人的评判也会逐渐减少。同时,这个练习还有助于增强情绪内核,让我们在面对生活中的挑战时,更加从容和开放。

2. 刚才说到,可以选择不同的练习对象,如何选择呢?

如果你想通过这个练习来培养自己的慈悲心,不妨试试把陌生人当作练习对象。比如,当你在公共场合的时候,无论是乘坐公共交通工具还是排队等候时,你可以默默地进行

"就像我一样"练习，观察周围的人，内心重复那些句子。这个练习可以帮助你在日常生活中感受到与他人的联结。尤其是当他人引起了你内心的波动时，比如在高铁上，旁边的乘客大声说话、孩子哭闹时，就很适合做这个练习，让自己变得更加随遇而安。

如果想练习"对自我的关怀"，你也可以将这个冥想的对象选择为自己，尤其是在感到自责、内疚或压力大的时候，就很适合对着自己来练习。可以看着自己的照片，甚至照镜子来看着自己，还可以拿出小时候的照片来看，或是想到小时候的样子，这样更容易对自己产生同理心。你或许会在练习中意识到，你和他人一样，都在面对着生活的种种挑战，而你其实可以更温柔地对待自己。

3. 在哪些情境中适合应用这样的练习呢?

在很多情境之下，你都可以做这个练习，从而让自己修炼平等心，比如，当你和某人起冲突、有争执时，不妨试试这个冥想练习。它可以帮助你平静下来，看到对方也有着和你一样的感受和需求。通过这种对他人的理解，你可能容易找到一种更有建设性的解决方式，从而采取利人利己的理性的行动。

当然，也可以把它当作日常练习，平时通过这样的冥想来修习慈悲心。

今天的打卡活动是试着给自己写一封"关怀信"。常常去问候、关心自己，久而久之，你就会发现，自己会重新爱上这个熟悉的陌生人，这个永远在身边支持自己的好友。

给自己的关怀信

无论是用纸笔还是电子设备，不妨花点时间，给此刻的自己写一封充满着爱和关怀的信件。

在这样的一个生命阶段，你想如何去好好地慰问一下自己呢？不妨思考一下，写下来。

例如，你可以这样开头：亲爱的河豚小姐……

选择下列三种口吻来写这封信：

1. "自己写给自己"

来自你内在富有慈悲心的那个自己，写给正在挣扎的那个自己。

2. "智慧的那个'你'写给自己"

想象有一位朋友是充满智慧的智者，这位智者要写一封信给自己。当然，这位智者住在你心里。

3. "自己写给'你这位好友'"

口吻仿佛你在写信给一个好友，就像正在和一位心爱的朋友谈话一样；而那个好友就是你自己。

请记得，无论写下来什么样的文字，只有你自己能够看到，不需要顾忌他人的目光，所以，请敞开心扉。

这样的自我关怀信件可以作为一个常规练习，经常写，甚至可以每天都写。

人生第一章：

我走上街，人行道上有一个深洞，我掉了进去。我迷失了……我绝望了。这不是我的错，费了好大的劲才爬出来。

人生第二章：

我走上同一条街。人行道上有一个深洞，我假装没看到，还是掉了进去。我不能相信我居然会掉在同样的地方。但这不是我的错。还是花了很长的时间才爬出来。

人生第三章：

我走上同一条街。人行道上有一个深洞，我看到它在那儿，但还是掉了进去……这是一种习气。我的眼睛张开着，我知道我在那儿。这是我的错。我立刻爬了出来。

人生第四章：

我走上同一条街，人行道上有一个深洞，我绕道而过。

人生第五章：

我走上另一条街。

——波希娅·纳尔逊（Portia Nelson），《人生五章》

向外张望的人是梦游者，向内审视的人是清醒者。

——卡尔·荣格（Carl Jung）

第 **7** 天

正念待内卷

应对精神内耗和
"空心病"

卡老师，今天在讨论正念之前，我可以请教你一些事吗？是关于工作和人生选择的。

请尽管说，我必定知无不言、言无不尽。

我最近有个想法，就是去考研，毕竟现在竞争很激烈，如果能提升一下学历，对我将来升职会有帮助。最重要的是，我对现在的工作没什么感觉，想换个赛道。你说，我该怎么选择？是考研搏一搏，还是在这家公司凑合着？

目前，你自己是如何评估这两个选择的呢？

考研竞争也很激烈，我可能考不上，即便考上了也不知道将来会怎么样，但我又不喜欢目前的工作，现在每天都感觉在虚度光阴，但我总得考虑实际生活吧！再加上现在很多公司都在裁员，工作也没那么稳定，大家都在担心，我也每天过得很焦虑。哎！我到底怎么办才好呢！说到底，我是听从内心的声音，还是保持现在的生活？

原来是在纠结这个呀。其实不只是你，之前就有许多小伙伴来问过我类似的关于"人生选择"的问题。我自己也是过来人，所以特别理解你的纠结。在人生各个阶段，我们可能都会站在岔路口，面临向左走还是向右走的选择。俗话说，"选择大于努力"，我们的确需要好好根据自己的情况来进行选择。

你太懂我了！就是这样。那么，我如何才能做出正确的选择呢？其实我挺喜欢心理学的，这段时间跟你认识之后，我对正念冥想也很感兴趣。但是，心理学跟我现在的职业差了十万八千里，恐怕我得从头开始学，这成本太高了，也不知道能不能成功！如果学了半天却无法实现转型，那我花的时间和学费都打水漂了。那么，你建议我是待在舒适区，还是去冒险一试？

想清楚再选择是对的，看到你这场丰富的内心戏，仿佛是两方的辩论，难分胜负！不如暂停一下，我们先回到自己，如何？

好吧，每次思考陷入焦灼，就得暂停一下。

咱们来做一个新的练习，叫作"呼吸空间"。准备好之后，请闭上眼睛，咱们一起来正念三分钟。

呼吸空间

坐下来之后，可以闭上眼睛，也可以让目光低垂。把注意力收摄回来，从外部转移到内部（自己的内在）。感受呼吸在身体中的感觉，觉察空气进出鼻孔、喉咙。

第一步：觉察此刻脑海中经过的想法，你有什么样的情绪？可以给这个情绪命名，或许是"焦虑""担忧""恐惧"？

然后，留意一下此刻的身体感受，是否有什么突出的感受？那是怎样的一种感受？

第二步：放下对想法、情绪、身体感受的关注，将注意力收窄，集中于呼吸在身体中的感觉，觉察到胸腔或腹部随着呼吸在收缩和扩张。随着呼吸自然地进行，把注意力集中在胸腔或腹部。

第三步：现在，请将注意力扩展到整个身体，从头顶到脚趾，试着用更广阔的觉察去展开体验。留意当下出现的任何感觉，所有感觉。对任何体验保持广泛和开放的觉察。

在这里停留片刻。

准备好之后，慢慢地睁开眼睛。

刚刚有什么样的发现吗？在第一步的时候，你觉察到了什么？

无数的念头经过，我觉得好累啊！头都要炸了。想到将来可能会被裁员，可能无法支付自己的房租，甚至，随着年龄的增长还有可能得一些罕见疾病，想到这些我就感到不知所措。天哪，我到时候该怎么办呢？老了更加不知道如何生活！我看到自己的内心充满了恐惧！

未来确实有无数种可能性，有的甚至会给对我们的生活带来威胁，未知的人生充满了不确定性和变数，超出我们的掌控范围，这确实会让人感到恐惧。那么，在进行到第二步和第三步的时候，你是否还有"恐惧"这种情绪？或者有别的体验吗？

当你的引导语提醒我"放下对想法、情绪、身体感受的关注，将注意力收窄"时，我就只是去留意腹部如何随着呼吸起伏，不去想那些负面的事情，似乎恐惧情绪就消失了。到第三步的时候，我没有什么明显的身体感受，只是感觉到平静。

从"恐惧"到"平静"，看来这个呼吸空间的练习起到了作用，把你从负面情绪中带出来了。

确实呢。但是，不去想未知的前途，这样算是逃避吗？古人不是说"人无远虑，必有近忧"吗？我就时常会联想到未来，并且想到最糟糕的可能性，好做最坏的打算。这些确实都是负面想法，但是，古人说"生于忧患，死于安乐"。

古人说的也没错，但时过境迁，我们也要辩证地来看古代名言。还记得我们说过大脑具有负性倾向吗？现代社会的生存环境比起远古时期好太多了，我们有了更多抵御自然灾害的工具；谈到社会秩序，咱们不仅有法律和司法部门，还有医疗和养老制度来提供基本保障，让我们对未来不必那么恐惧。

当然，我们可以对未来做计划，可以未雨绸缪，但是要记得大脑的特性，不要跳上那辆"载满负面想法"的火车，不然，那就真是精神内耗了。

听下来，感觉"居安思危"这样的古训在我身上变成精神内耗了。本来大脑的特性是帮助我们生存下来的，但现在快把我整抑郁了。明明不需要活得那么累！

是的，尽管科技越来越发达，但是，咱们大脑的"内置系统"还停留在远古时期，并未跟上社会发展的节奏。所以，现代社会"精神内耗"的问题还挺突出的。我们需要更新这套"内置系统"了。

我也发现了，正是自己的纠结带来了很多痛苦！外有社会"内卷"，内有"精神内耗"，现代社会的科学技术日新月异，人工智能（AI）的出现更是颠覆性的，但很奇怪，我身边的小伙伴们都过得挺辛苦的。我们的生活越来越便利了，但是，我们内心的痛苦却好像一点儿也没少。看样子我们的内心没法因为人工智能的出现而强大。

的确如此，人的本性之一就是贪婪，其实，很多烦恼正是无法填补的欲望所带来的。要知道，当你对未来感到恐慌和强烈不安时，归根结底，你是在担忧自己是否有价值、自己是否值得被爱。这不是外部环境的问题，而是问题回到了自己身上。

是呢，这种对未来的恐惧的源头好像是自己的内心，说不出来为什么……

反观自己的内在，当我们内心深层次的需求未被满足时，可能就会产生内耗。这份"需求"，可能是心理上的、情绪上的、生活上的渴求，甚至也可能由价值观和世界观层面的混沌导致。

最多的纠结来自心理上的渴求，因为每个人都渴望被爱、被看到、被关注，内心存在获得安全感、稳定感、成就感、价值感、尊重、表扬、认可等等一系列深层次的心理需求。如果在我们的生活中，这种内在的渴望长期未能得到满足，那我们可能就会在生活的方方面面表现出各种纠结和内耗。

还有情绪和生活方面的纠结？

是的，纠结还可能会体现在情绪上。当一个人的多种情绪之间存在冲突时，就容易产生精神内耗。例如，对于考研或职业转型，你感到恐惧和担忧，同时又有期待和渴望，想法和情绪搅在一起、互相拉扯，就会产生情绪上的冲突。就像你刚才说的，担忧和恐惧伴随着许多想法，比如"我觉得我不行"，与之矛盾的想法是"不试试怎么知道"，这就代表了内心深层的渴望需要被自己看见和认可。

我的心思又被你看穿了。那我得拼命去满足这些内心的深层次需求吗？我想去考研、想转型，就是想活得更有意义啊！我希望能体现出自己的价值，这就是我的需求。既然我愿意去满足自己内心的需求，又有什么错呢？

没错，只是，很遗憾，很多事情，不是你努力去满足就会得到满足的。很多生活中的问题都是无解的，比如，我想去大千世界多看看，又想多攒点儿钱、生活独立，两方面都想要也是人之常情。那么，我是多花时间去旅行，还是追求个人事业？这些貌似是不可兼得的。

没错，人生确实面临很多选择题啊！那么，需求肯定是每个人都有的，难道自我纠结和内耗就无法避免了吗？

虽然未被满足的深层次心理需求是滋生精神内耗的土壤，但是仅有土壤并不意味着种子就一定会发芽、生长。需求未被满足，只是构成了一个人行为的动机。好在，我们不仅可以控制自己的行为，还可以"停止内战"。

对啊，我想这跟社会无关。古往今来，大家都会面临心理需求无法满足的情况，怪不得苏东坡、曾国藩等许多文人雅士都喜欢静坐呢。

没错，"正念"正是智慧的古人给我们留下的方法，用来帮助自己减轻烦恼。时不时地停下来、觉察，看到自己的"内心戏"，只是做台下的观众，而不被剧情带偏，不跟随主角的悲惨命运哭得死去活来。我们只是看戏的观众而已，那些紧张、担忧的念头可以有，但是，戏看完就完了，不需要去过度消耗自己。通过正念练习，你可以理性看待现状，认可自己现在所处的困境，并做到随遇而安。

我喜欢这个词，随遇而安。之前看到过一句话——让世界如其所是，而非如我所愿。我很喜欢也很认同，但是，我做不到啊！

哈哈！"人类"对应的英文，你知道是什么吗？

我知道，是 human being！

答对啦！咱们不是 human doing（行动）。每天都只是不停地做事情，行动、行动、行动，那是机器人，不是活生生的人。咱们还得存在（being），刷一下存在感，好好体验一下生命的滋味呢。

有道理啊！但我还有个担忧，就是练习正念太多，安于现状，自己就不再努力上进了，躺平了。我现在还年轻呢，太"佛系"了，就没有朝气了，不是吗？

你这样的担忧非常合理！许多人问过我，练习正念久了之后，会不会没有七情六欲了？那样不是就没意思了嘛！或者如你所说，过于"佛系"，就不再有上进心了。但是，在我看来，"躺平"不一定是贬义词，关键在于"躺平的心态"是怎样的，以及，是"主动选择躺平"还是"被迫躺平"？在我看来，"佛系青年"这个词也并非贬义词，反而代表着非常清楚自己想要什么，勇于活出自己，内心强大、情绪稳定。

赞！大家都希望自己内核稳定，有松弛感。

是的，练习正念能帮助我们"去班味"[⊖]，自己生活惬意就好，何必跟着别人"卷"呢！而且，练习正念不代表会消除掉所有负面情绪，仅仅是让我们不被欲望牵着鼻子走。话说回来，大家想要彻底消除欲望吗？那几乎是不可能的，我们大多数人是做不到的，所以，也就不用担心了。

⊖ 降低职业倦怠感。

你练习正念后躺平了吗?

我的确喜欢平躺!不过我可没有搬到深山老林去居住的计划,我喜欢跟不同的人一起聊天、喝咖啡。感觉我认识的练习正念的小伙伴们很少躺平,反而特别热爱工作和生活,我的导师都70岁了,还在每天教正念、带冥想呢!长期练习正念,就会懂得在恰当的时候从"行动模式"切回到"存在模式",该行动就行动,该享受当下就享受当下。有了这样的主动权,我们的生活会更加自由自在。

是这个逻辑,你就是松弛感本尊,真羡慕呢!能不能再多说一点儿"行动模式"和"存在模式"呢?

·今日脑科学·
行动模式和存在模式

为了解决问题或把事情做好，大脑通常会以某种可预测的方式工作。这种仔细分析、解决问题、判断和比较的模式旨在缩小现状与理想之间的差距，解决感知到的问题。因此，我们称之为大脑的行动模式（doing mode）。长期处于行动模式可能导致焦虑、压力和疲惫，因为我们不断地想着"应该"如何或者"必须"要做什么。过度依赖行动模式可能让人感到生活被控制在一系列的任务和目标中，失去当下的体验。

行动模式有两种表现形式：主动行动模式（active doing mode）和被动行动模式（passive doing mode）。

在主动行动模式下，人们有明确的目标或任务，并采取有意识的行动来实现这些目标。思维是有计划、有方向的，关注的是如何达到目标、解决问题或应对挑战。这种模式在需要高效完成任务、解决问题或实现某些目标时非常有用。但是，如果过度依赖这种模式，可能会导致压力、焦虑，以及忽略当下的体验，因为注意力往往集中在未来的结果上。

而被动行动模式是行动模式的一种变体。在这种模式下，人们虽然在行动，但这些行动是无意识的、自动化的，缺乏清晰的目标或动机。行为更多地出于习惯或外部刺激的驱动，而不是内在的选择。比如，人们可能在不知不觉中刷手机、吃东西、看电视或进行其他机械性的活动，而并没有明确的目标，或没意识到自己在做什么。长期处于这种状态，可能会导致对生活的枯燥感、无意义感，以及一种疏离感。

存在模式（being mode）是一种与当下时刻的体验相联结的状态。在这种模式下，个人不会刻意去做什么或改变什么，而是单纯地感受和接受当前的状态和情感。存在模式强调接受当下的事实，而不试图去改变它。

通过存在模式，我们可以更好地体验当下，减少对过去和未来的焦虑。这种模式鼓励人们以一种开放、好奇和不评判的心态去体验生活。存在模式帮助我们从自动的、习惯性的思维和行为模式中解脱出来，而这些自动反应通常与行动模式有关。通过正念冥想，我们可以更清楚地看到这些模式，进而选择更有意识的回应方式。

正念提倡保持在存在模式，但并不要求完全放弃行动模式，而是帮助我们识别什么时候陷入了这种模式，尤其是在它导致压力和焦虑时。通过正念，我们可以觉察到自己的思维正在被目标和任务驱动，从而有机会暂停并调整。通过正念练习，人们可以变得更能觉察自己何时进入被动行动模式，从而打破这种惯性模式，重新接管自己的行动，使之变得更加有意识和有目的性。

正念练习可以帮助我们在行动模式和存在模式之间找到平衡。在需要集中精力完成任务时，行动模式是必要的，但正念可以提醒我们在适当的时候转向存在模式，以减轻心理负担和压力。

如何才能走出"被动行动模式"，切换到"存在模式"呢？

你抓住了关键点，一开始我们做的三分钟正念"呼吸空间"，就可以帮助我们回到存在模式。这就是一种"活在当下"的状态。

说到这里，我对"活在当下"也有担忧！不好意思，希望你不要认为我是故意抬杠，我只是单纯地好奇。我身边也有一些朋友很懂得享受生活，就是那些"月光族"，为了享受生活，每个月把工资都花光，甚至还提前消费，那不是我想要的生活方式。

哈哈！这是误解，活在当下，不代表"今朝有酒今朝醉"。活在当下，绝不是不顾明天地去追求此刻的欲乐，更不是行为的放纵，甚至不是积极心理学。用"充分体验"这个词来形容更贴切，无论你当下的经验是痛苦的还是愉悦的，你只需要如实地去体验，并非要去推开不愉快的体验，只追求愉悦的体验。活在当下，也不是要抗拒想法或停止思考，而是记得时时刻刻"把心带回来"，回到当下。

我还是不能完全理解。父母都告诉我"吃得苦中苦，方为人上人"，所以我一直觉得"享受当下"太昂贵了，似乎只有熬出头了、成功了，才会最终获得幸福。

是的，他们不仅这样严于律己，还给我们灌输这样的观点，要坚持先苦后甜的准则，所以每次吃水果先吃烂的，但是，这样就会一直都在吃烂水果。

戳中痛处，感觉这是上一辈人的观念，我一直在被控制！吃苦是通向成功和幸福的唯一路径吗？

好问题！你完全可以每次都吃最新鲜的水果，享受果肉饱满、清香可口的当下。已经坏了的，丢掉就好了。不论是工作还是生活，先保护好自己，再考虑家人，你的第一顺位，永远应该是你自己。还记得我们上次做过的测试吗？你自己都挤不进你心目中的"前三"。

是的，享受当下，让我感觉有负罪感。那么，只要能做到活在当下，就意味着人生能够获得幸福吗？

"内卷"就是这么来的，大家在比谁更能吃苦、谁更狠心地自我折磨。这样，换个逻辑，我们先来看看，如果"不活在当下"会有什么情况出现。

我给你分享哈佛大学两位博士做的一个实验。为了研究"走神与幸福指数的关联度"，他们设计了一个网站和手机应用程序，通过几年的时间搜集了来自83个国家的约5000人的超过25万个样本数据，参与者的年龄从18到88岁都有。然后他们从中筛选了2250名成年人进行分析，看看他们每天有多少时间在走神。

亲爱的，要不你来猜猜，大家平均每天有多少时间在走神？参考一下你自己的情况。

我自己走神挺多的，平均来看的话，20%？ 30%？

这个准确数字是，46.9%，人们每天将近有一半的时间都在走神。

我好惊讶，居然这么高！怪不得古人有那么多成语来形容"心"的特性呢，心不在焉、三心二意、心猿意马……不过想想确实如此，我在看电视的时候会同时刷购物网站，吃饭的时候聊天或听音乐，加班的时候还一边开着直播……在生活中，我总是喜欢同时做两件事情，而且已经很难只是专注于一件事情了。

你列举的成语很贴切，是的，人们做什么事情的时候都可能会走神，无论是坐车、与人交谈，还是工作、洗澡。做这项科研的两位哈佛博士写了一篇论文，叫作《走神的心是不快乐的心》，[23]发表在美国《科学》杂志上，其中，有一句话是这样说的，"与其他动物不同的是，人类花了大量的时间用于思考不是目前正在发生的事情，包括过去发生过的、将来可能发生的，或者永远也不会发生的"。

这个逻辑是通的，但是，走神也可能是有意的，比如开会实在太无聊了，我不如利用这个时间干点儿别的。做家务的时候也不用动脑子，那恰好可以听音频课。有时候我也会翻翻旅行时的照片，去回忆愉快的事情，或是憧憬未来的美好。怎么断定走神就会不快乐呢？

你说的没错，但是，当你回忆完、计划完，是不是还要回到现实生活呢？无论是否愿意，是不是还得继续辛苦地写报表、面对不够满意的人生？很遗憾，实验表明，人们在走神时想到更愉悦的事情时，并没有比活在当下时更快乐。因为，无论你是沉浸在美妙的回忆中，还是编织着伟大的梦想，最终还得回归现实。如果脑子里想的和现实落差太大，那只会给自己平添烦恼。

确实如此！无论想什么，想象力再丰富，想得再天花乱坠，也无法改变实际的生活啊！在打游戏的时候，我可以选择白雪公主的角色，可以顺利地嫁给白马王子，住进城堡、衣食无忧，在游戏中的角色可美好了，但是，当结束游戏回到现实生活，却只看到了一地鸡毛。

是的，似乎当我们的"心"更专注时我们会更快乐。其实，人们在"想什么"比实际在"做什么"更加影响他们的幸福感。换句话说，同一个事件可能给人带来的幸福感是不同的，而且是会随着想法而变化的。这也就意味着，在做一件事情的时候，当你的心思跑去别的地方去了，那幸福感则会大大降低。

看来控制好自己的"心"，管理好自己的情绪，是直接影响幸福感的因素。我终于理解，为啥都说"活在当下"有力量了，这种"力量"就是一种对自我的掌控感，不是被想法带走或是任情绪将自己控制，而是自己有能力去管理好自己，我是自己身心的主人！跟你聊完之后，我发现"活在当下"也没那么神秘莫测，并且是可以实现的。

是的，我们可以随时随地践行活在当下，每个人都可以。

我还有个疑问，当我学习和工作的时候需要思考，不一定是保持在当下，那这时候还能正念吗？换句话说，活在当下就意味着一定要每时每刻都保持正念吗？我还能允许自己去思考吗？

这是非常好的问题，河豚小姐，说明你已经开始考虑如何将正念带入生活中了！你说的对，我们很多时候都需要思考，工作需要复盘、做计划，然而，正念地生活是一种保持在当下的生活方式，是我们拥有自由切换到"存在模式"的能力，并不是让我们不再思考，也不代表每周七天、每天 24 小时的每一分、每一秒都是时刻保持觉察的。说实话，我们也做不到，哈哈！

对啊，我一直特别好奇，你是否能做到每一刻都保持正念，现在我知道了。咱们并不是追求每一分钟都得正念，如果是那样的目标，我就趁早放弃吧。

对，也不对，人都得有追求、有目标嘛。虽然我们普通人永远达不到时刻保持正念的状态，但我们一直在向它靠近并无限接近，就好比在黑暗中航行，还是要有个灯塔。只要有了远方的灯塔，朝着那个方向前进，起码方向不会错，所以，我们也设定一个时刻保持正念的目标，那么在生活中保持正念觉察的时间就会越来越多。

说得真好！那生活中还有很多例子，比如说读书，我阅读时会沉浸在故事情节中，思绪跟随作者徜徉，游到了诗与远方。这时候还可以正念吗？

这是个好问题，不妨咱们一起来试试正念阅读。我给你拿一本书。

正念阅读

　　阅读其实占据了我们日常生活的很大一部分，比如短信、看电视时的字幕以及插播的广告。然而，主动阅读可以成为练习正念的一个重要机会，带着正念阅读能训练你活在当下的能力，帮助你保持觉知，让你能够意识到自己对各种文字产生的评判。

　　为自己找到一个可以专注于阅读的时间段，而不是试图从忙碌的一天中挤出时间，或者在睡前去读几页书。

　　选择那些能够激励人、带来滋养，而不是让人透支的读物，选择那些需要一点点精神动力的读物，而不是让阅读成为你待办事项中另一项难以完成的任务。有一整个的文学世界等待被发现：小说、传记、历史书，还有散文、科普读物、诗歌等。

请尽量阅读纸质书。如果你经常用手机、电子阅读器或者平板电脑来阅读，那么阅读一本可触摸的纸质书是一个很好的休息方式。

当你翻动书页，注意光线的强弱、纸张的颜色、油墨的气味，以及书脊压在你的手掌上的感觉，或许你会发现自己很容易厌烦或者犯困，注意，这正是你慢下来，并开始练习的重要时刻。

把注意力放在文字上。阅读某个耐人寻味的词，查找一些不熟悉的句子。可以在吸引你注意力的句子下划线，或者在心里重复。无论用什么方法，注重细节，比如句子的结构，以及那些能让人想起一个人或一个地方的细节。留意在阅读的过程中，你是否会走神。大脑不是真空的，阅读并非只是机械地把所有的字句填进去，不可避免地，你还是会分心，去想别的事，比如晚餐吃什么，群里哪一句话说得不对，这是每个人都会有的情况。

当你的想法飘走了，轻柔地把自己引导回文字上来，继续阅读。如果你已经忘记了自己上次读到了哪一段，你总是可以往回翻，重新阅读，或只是随意从某处开始阅读。这种小小的不确定中蕴含着价值，你亦可以从随性中找到平静。

正念阅读是随时随地都可以进行的，甚至在飞机上、火车上、户外，可以在很混乱的环境中为你提供一片心灵的绿洲。

谢谢，看来可以试试把正念带到每天的生活中！回到我开始说的，想职业转型的原因，现在跟你聊完之后，我隐隐约约觉得，这种内心的空虚和无力感跟我的职业好像无关，是更深层次的。

最近有一些心理学家提出来一种年轻人常有的"空心病"，就是类似于你所说的这种感受，对于工作提不起兴趣，生活充满了无力感，尤其是外在条件特别优秀的那些人。无论什么年龄段的人都可能会得"空心病"。当然，这并非一种疾病，只是一种现象。如果去医院就诊，搞不好会被诊断为抑郁症，因为同样表现为情绪低落、兴趣减退、快感缺乏；但与典型抑郁症不同的是，这些症状表现并不非常严重和突出，甚至外表上看上去跟其他人并无差别。

"空心病"这个词再次击中我了，那是无法用语言解释的一种孤独感和无意义感！我为什么会这样呢？

不得不说，这可能和你的家庭有关。因为从小到大被逼着优秀，成长过程中都以结果为导向，所以你可能会过分在意别人的看法，刻意维持他人眼中的美好"人设"，但与此同时又觉得很辛苦、很疲惫。内心充满迷茫。

那我该怎么办呢?

心理学家认为,"空心病"难以通过改变负性认知来解决,甚至也不是探讨原生家庭、早期创伤可以解决的。不过也是有方法的,如果我们能找到自己的核心价值,就可以有效减少这种虚无感,让生活更加充实、有意义。

核心价值? 那是什么意思?

核心价值指的是一个人真正关心、重视并渴望追求的生活方向,通常被视为指导行为和决策的基本原则,例如乐于助人、慷慨大度和善良诚实等。另外,我们的许多核心价值都跟"关系"有关,包括我们希望他人如何待己以及我们如何对待他人。还有一些核心价值是有关个人的,例如自由自在、终身学习、冒险和探索等等。

我从没想过自己的核心价值是什么，但我每年都会给自己定目标，这两者有关联吗？

两者是有关联的，但不是一回事。比如，你今年计划爬黄山，明年想攀登珠穆朗玛峰，那么这就分别是你的两个目标。而核心价值更宽泛一些，或许是不断地挑战自我、勇攀高峰。

明白了，目标是短期的、可实现的，核心价值是长期的，更抽象、宏大的。

是这样，核心价值不是单一的目标或结果，甚至是无法彻底实现的。清晰的核心价值能够带来人生的意义感，并且提供行为的方向。弄清核心价值是什么，能帮助我们给予自己真正需要的东西，然后，采取行动，选择与自己的核心价值匹配的生活方式，我们的生活就会变得充实、有价值感了。

有道理，不知道自己想要的人生是怎样的，每天就会像个无头苍蝇那般"乱飞乱撞"。我正是因为没有思考过自己的核心价值，所以不知道如何进行选择，到底是按部就班地生活还是辞职去考研？或许，我的空虚感就是源自不知道自己真正渴望什么。

你对自己的分析很深刻！拿你面临的这个选择为例子来看，如果你的核心价值是希望有更多自由的时间，可以去旅行或是陪伴家人，那么工作稳定、不加班就是一件幸事。然而，如果你的核心价值是事业发展、将来做总经理，那么，可以想想如何提升职场竞争力，比如继续学习深造。不妨思考一下，什么对你来说是最重要的？

嗯，我的确不该被外部舆论牵着鼻子走，别人做什么就去跟风，而是应该回归内在，看看我到底想追求什么。其实在事业方面我自己并没有那么大的野心，仅仅是希望有一份喜欢的工作，然后有充足的业余时间给自己。世界那么大，我想去看看。

我想提醒你一个大家都会面临的"坑"。说到"寻找自己最喜欢的工作"，许多人会不停地换工作，试图找到自己最喜欢的工作，但最终会发现，很难找到，这就是个伪命题，因为他们并没有去思考自己想要什么，一旦受挫就放弃了，毕竟，每一份工作都会有不被喜欢的一面。事实上，在旅途中，荆棘、绊脚石都可能会出现，而清晰的核心价值能够帮助我们承受这些不适感，并将注意力放在真正重要的事情上。比如，我曾经就对在公众面前讲话感到害怕，但我意识到"帮助他人"是自己的核心价值，所以，我愿意在焦虑中前行，不断克服内心的恐惧。一旦明白对自己而言重要的事情是什么，那么，将来无论遇到什么艰难险阻，都不会轻言放弃了。

原来如此，我也得好好思考一下……或许，"帮助他人"也是我的核心价值。我记得有一次我在马拉松比赛当志愿者，我给选手们递水、加油鼓劲，还有每次单位组织去养老院奉献爱心时，我给老人讲故事、带着他们玩扑克牌，那些时刻我都感到很快乐。这种快乐可以持续好久，是一种内心的富足感。

真好，相信你一定会找到自己的核心价值！我有个工具清单给你，晚上回家之后，你不妨好好思考之后根据清单上的问题写下来自己的答案，这是属于你个人的"秘密"，不用分享给其他人。

好的，我愿意花时间来思考自己的核心价值。今天的正念冥想练习是什么呢？

刚才你也提到了乐于"帮助他人"，让我们一起来做个很有趣的练习，名字叫作"关怀自己和他人"。

关怀自己和他人

扫码听音频

关怀自己和他人

　　把注意力带到呼吸上，感受气息通过鼻孔来到腹部，然后缓缓地从嘴巴呼出。用鼻吸口呼的方式，尝试几次深长而缓慢的呼吸，请放掉多余的努力，让身体放松下来。

　　无须改变呼吸的频率，不用控制呼吸，让呼吸找到自然的节奏。就这样，去感受呼气和吸气的感觉。

允许自己的身体跟随呼吸的节奏轻柔地起伏。

吸气，感受新鲜的氧气进入身体，给自己的身体带来滋养；呼气，释放掉身体中的紧张，享受身体的放松。

现在，请把注意力集中在吸气上，让自己享受吸气的感觉，留意吸入的空气如何滋养你的身体。将空气平缓地吸入体内……然后慢慢地呼出。

在吸气的时候，感受气息进入身体，仿佛将友善和关怀吸入体内送给自己。用心体会这份温暖和爱。如果你需要，可以在吸气时默念一句话，比如慈心祝福，愿自己健康平安，或者想象一幅画面，给自己带来温暖和爱的画面。

就这样，深深地吸气，持续地给自己送上温暖和关怀，感受气息温柔的抚摸。

现在，请把注意力转移到呼气的感觉上。缓慢地呼气，感受气息逐渐呼出体内，去享受呼气带来的放松。

在脑海中想到一个你爱的、关心的人，此刻他正身陷困境，需要你的关怀，在脑海里清晰地想象这个人的样子。缓缓地呼气，随着每一次的呼气，感受自己身体的轻松，想象也为这位你关心的人带去一份轻松。如果可以的话，请在每次呼气时，都为这个人送上一份友善和关怀，可以对他说出慈心祝福的句子，比如愿你健康平安、愿你快乐幸福。

就这样，随着一次接一次地呼气，不断地为对方送上温暖和祝福。

片刻之后，同时关注吸气与呼气在身体中的感觉，去享受每次呼吸的体验。开始在吸气时关怀自己，在呼气时关怀对方。吸气为我，呼气为你。祝福自己，祝福给你。在每一次深长而缓慢的呼吸中，试着去想象，在吸气时给自己吸入友善和关怀，呼气时为对方送上友善和关怀。

放下所有不必要的努力，只是让呼吸自然地发生着，让关怀自由地流动，仿佛我们自己和我们关心的家人、朋友都被这份温暖所包裹着。

让新鲜的空气自由地进出体内，吸气……呼气……就像轻柔起伏的海浪。这份友善和关怀就像无边无际的海洋，想象自己身处于这片海洋之中，温暖和爱不断地流经我们的身体，仿佛自己成了这片爱的海洋的一部分。

继续保持深长而缓慢的呼吸，然后，慢慢地放下脑海中想到的任何画面。感受此刻产生的任何体验，允许自己做真实的自己。

准备好之后，睁开眼睛，结束这个冥想练习。

梳理核心价值

生活方式是否匹配自己的核心价值，决定了我们的人生能否有意义、充实和幸福。

在这个练习中，尝试探索自己的核心价值。即便在这一次练习中未能找到自己认为满意的核心价值，之后也可以回来再重新梳理，甚至可以隔一段时间就做一次这个练习，让自己的核心价值越来越清晰。

请闭上双眼，想象自己已经步入生命的最后阶段，你坐在自己家的后院里，回忆过往的人生。回首这几十年，你感到了深深的满足、幸福和圆满。尽管生活并不总是一帆风顺，但你总能尽最大的努力，真诚地面对自己。

那么，此生当中，在你始终坚守的核心价值里，哪一项核心价值为你的生活赋予了意义？比如，努力工作、终身学习，培养孩子、照顾家人，又或是旅游和冒险，帮助他人、为社会做贡献。请睁开眼睛，考虑好之后写下你的核心价值。

....

....

现在，如果你觉得自己在某些方面没有按照自己的核心价值生活，或者觉得难以在生活与内心需求之间找到平衡，那么请将你想到的这个矛盾点写下来。比如，尽管去各地旅行是你最喜爱的事情，但也许你太忙了，没有时间出门。

....

....

如果你觉得自己偏离了好几项核心价值，选一项对你最重要的写下来。

．．

．．

当然，往往有一些障碍会妨碍我们按照自己的核心价值生活。有些可能是外部障碍，比如没有足够的金钱或时间。例如，可能你的工作需要投入的时间太多了，导致你没有时间陪伴家人和孩子。如果你有任何外部障碍，请写下来。

．．

．．

可能也有一些内部障碍导致你无法按照核心价值生活。例如，你是否害怕失败，是否怀疑自己的能力，或者你内心的自我批评是否让你寸步难行？也许你没有勇气去采取行动，或是内心有不配得感。写下你可能会有的任何内部障碍。

．．

．．

现在，思考一下，善待自己和自我关怀能否帮助你按照自己真心相信的价值生活。例如，能否帮助你克服像内在批评这样的内部障碍。自我关怀能否以某种方式让你感到安全，拥有足够的自信来采取新的行动、承担风险，或者不再做那些浪费时间的事情？你还能不能发现从前没想到过的、在生活中表达自己核心价值的方式？例如，能不能找一份时间安排更灵活的工作？这样你就能经常去露营了。

最后，如果真有某些难以克服的障碍，让你无法按照自己的核心价值生活，能否给自己一些空间？也就是说，即便客观条件不允许，但是你也没有放弃自己的核心价值，你能否为此给自己一些安慰和鼓励？如果那个难以克服的问题是你不够完美——就像所有人一样，那么，你能否原谅自己？

做这项练习的时候，有些人发现难以找到自己的核心价值。这可能是因为我们对自己的生活缺乏深刻的体验，或是从未停下脚步，花足够多的时间来思考，这一生自己到底渴望什么。没关系，慢慢来，可以温柔地问自己："我需要什么？我比较重视生活中的哪方面？"

不妨再琢磨一下，你所以为的"人生价值"真的是自己选择的吗？还是受到了外界和其他人的影响？

也有人可能很清楚自己的核心价值是什么，但没有办法按照核心价值生活，并对此感到失望。尽管思考是什么阻碍了我们或许是有用的，但有时，不论我们怎样努力，就是无法按照核心价值生活，意识到这一点也同样重要。如果你就属于这种情况，看看自己能否接纳人生的复杂性，并且将内心最深的渴望依然保留在心中。你可能会发现，只要朝着自己的核心价值去靠拢，也能给生活带来一些转变。

谢谢你花时间来思考核心价值！

两种智慧

智慧有两种，一种是后天习得的，
如同孩子在学校里记忆书本上和老师所说的事实和概念，
从传统科学和现代科学中获取信息。
运用这样的智慧，你立足于这个世界。
基于你获取信息的能力，你优于他人或落后于他人，
你带着这种智慧漫步于知识的海洋，
在智慧库中增加更多印记。

还有一种智慧，
它本来就完整地保存在你体内。
如同泉水溢出泉眼，
胸中划过一丝清新的感觉。
这种智慧不会枯萎或停滞。它是流动的。
它无须通过管道式学习由外而内获得。
这第二种智慧本来就是你内在的源头，
源源不断地向外流淌。

——鲁米

不是结束

正念"心"生活

七天过得好快啊！掐指一算，我已经学了十几个大大小小的正念练习了。虽然只有这么几天，但我好像已经看到自己的改变了，谢谢卡老师！

我也想谢谢你，愿意学习去看见自己，通过觉察来认识自己。苏格拉底的一句名言"认识你自己"，说起来简单做起来难，恐怕这是我们每个人一生的功课！要改变自己真的很不容易，你要好好谢谢自己的付出哦。

我会继续努力的，希望尽快变成正念大师！话说回来，我要坚持多久才能修炼成大师呢？

你觉得正念大师是怎样的？

跟你一样具有松弛感，遇事面不改色，头脑清醒、冷静，而且还知识渊博、乐于助人。

那就……顺其自然，放下多余的努力。

不是结束：正念"心"生活

不努力？那我啥时候才能成功呢？

怎样算成功？

这个确实不好定义，我希望自己以后别再郁闷、烦躁、焦虑了，希望能够不受别人的干扰，从此过上平静、快乐的生活。

那你可能要失望了。即便练习很长时间正念之后，你可能还是会体验到烦躁、焦虑、恐惧等生而为人都会有的情绪，没法从此高枕无忧……

那练习正念的意义何在？

保持每日的正念练习之后，我们就不会陷入负面情绪的旋涡中无法自拔。现实情况就是，无论如何，不愉快的体验不会就此消失，毕竟，人生并非只有愉悦的体验，就好比没有黑夜就没有白天，在苦难的映衬之下，幸福才显得格外珍贵。话说回来，五味杂陈的人生才别有一番滋味，对吗？

有道理，虽然我喜欢吃甜的，但甜食吃多了会腻，各种味道都品尝，才不算白活，谢谢你的开导！只是，我很容易受别人影响，是传说中的"高敏感体质"，所以，我经常会感到悲伤、愤怒……我希望自己能够屏蔽掉这些负面影响，多一些平静。

高敏感度的确会给自己带来一些痛苦，但也不是坏事，说明你共情能力强。事实上，我们每个人都不可避免地受到他人的影响，因为我们的大脑中有镜像神经元（mirror neurons），这类神经元专门负责感知我们体内与他人相同的感受。大脑中也有一些区域专门负责评估社会情境，并且与他人的情绪产生共鸣。这类同感共鸣往往出现在直觉的层面，甚至在大脑意识到之前。

我就是这样的。可能因为我好说话，以前朋友们都喜欢来找我诉苦。尽管我是愿意去听他们分享的，但久而久之，我自己也会感到难以承受，所以我就拒绝做老好人，把自己封闭起来，落得个轻松。但是，这样一来，朋友也就越来越少，我不知道自己做错了什么……

是的，当我们与处于痛苦中的朋友们产生共鸣的时候，尤其当我们非常了解这个人时，我们就会把他们的痛苦当成自己的。有时，这种共情会让自己不堪重负。一旦发生这种情况，我们就会试图去回避来减少痛苦，例如对对方视而不见或者躲避，试图逃离这种痛苦。

我就时常躲着我妈，因为她老向我抱怨，我不喜欢被她传染那种负面情绪。这几天我学了正念之后，突然意识到了自己这种逃避的倾向……

没关系，我们每个人生来都是趋利避害的，能够意识到自己的这种模式就已经很好了。

可是我感到有点愧疚，将来希望也能帮助身边的人。你说，我有可能教我妈妈一起正念吗？

当然可以。我们作为正念练习者，不仅能够做到处理、消化自己的情绪，懂得自我关怀，我们的冷静、自洽还会影响身边的家人、朋友。当你发生转变之后，相信妈妈和闺密们都会感受到的。

是的，我昨晚跟妈妈视频聊天，她已经提到我有些不同了！她说我居然耐心地听她说了五分钟的话，完全没有插嘴，这样她已经很高兴了。

为你点赞！的确，我们不需要去改变其他人，其实也无法改变别人，我们需要改变的是自己，让自己成为一盏灯，照亮他人前行的路。当你自己会发光了，你的生命必定会影响到其他生命。

我们的七天正念生活就要告一段落了，接下来靠你自己练习了。如果要把正念带入日常生活中，你会怎么做？

我会每天正念喝咖啡、正念听音乐、正念画画，这些都是我的兴趣爱好。我也会在做家务、运动——比如游泳和跑步——时带入正念。

很赞的计划！另外，你会做一些正式的正念练习吗？

在领养了狗狗之后，我会带着狗狗一起正念散步。当然，我也会听着音频来正念冥想的，昨天那个"关怀自己和他人"的冥想是我特别愿意去练的。

那就太好啦。那么，生活中的哪些时刻会让你想起正念呢？

当我感到郁闷、烦躁，还有发火的时候，应该会用正念来救急，比如用"正念甩一甩"来赶走愤怒，伤感的时候用"心灵俯卧撑"抱抱自己，还有跟人吵架了记得做个"呼吸空间"，让自己从行动模式回到存在模式。我也会记得去自我关怀，这两天已经写了一封给自己的关怀信了，在写的过程中我感到特别疗愈。当然，我还在摸索自己的核心价值，估计还得再花点时间去探索。

看来这七天你有认真学习哦！

谢谢你，我感觉自己的生活即将迈向一个新的阶段。

对，是新的生活，也是正念"心生活"，时刻记得自己的心在哪里。

嗯！生活再忙碌也要停下脚步，看看心是否跟身体在一起。如果心跑掉了，温柔地把心带回来，回到当下。

河豚小姐已经是正念大师了！

谢谢卡老师！大师不敢当，你看我这七天的表现，算是合格的毕业生吗？

不好意思，正念永不散场，永无毕业。

也好，才刚开始尝到正念的甜头，我还不想毕业呢。那我可以再回来继续跟你学正念吗？

那是必须的，没事就来找我喝咖啡、聊天，期待下次偶遇！

所有的偶遇都是久别重逢，比如，我终于跟"正念"相逢了。

为你与正念相逢感到高兴。

正念心生活

参考文献

[1] DAVIDSON R J, KABAT-ZINN J, SCHUMACHER J, et al. Alterations in brain and immune function produced by mindfulness meditation[J]. Psychosomatic medicine, 2003, 65(4): 564-570

[2] EHMANN S, SEZER I, TREVES I.N, et al. Mindfulness, cognition, and long-term meditators: toward a science of advanced meditation[J]. OSF, 2024.

[3] GOYAL M, SINGH S, SIBINGA E M, et al. Meditation programs for psychological stress and well-being: a systematic review and meta-analysis[J]. JAMA internal medicine, 2014, 174(3): 357-368.

[4] CAVANAGH H M A, WILKINSON J M. Lavender essential oil: a review[J]. Australian infection control, 2005, 10(1): 35-37.

[5] ZEIDAN F, MARTUCCI K T, KRAFT R A, et al. Brain mechanisms supporting the modulation of pain by mindfulness meditation[J]. The journal of neuroscience: the official journal of the society for neuroscience, 2011, 31(14): 5540-5548.

[6] KRISTELLER J L, WOLEVER R Q, SHEETS V. Mindfulness-based eating awareness training (MB-EAT) for binge eating: a randomized clinical trial[J]. Mindfulness, 2014, 5(3): 282-297.

[7] KATTERMAN S N, KLEINMAN B M, HOOD M M, et al. Mindfulness meditation as an intervention for binge eating, emotional eating, and weight loss: a systematic review[J]. Eating behaviors, 2014, 15(2): 197-204.

[8] FARB N A, SEGAL Z V, MAYBERG H, et al. Attending to the present: mindfulness meditation reveals distinct neural modes of self-reference[J]. Social cognitive and affective neuroscience, 2007, 2(4): 313-322.

[9] BREWER J A, WORHUNSKY P D, GRAY J R, et al. Meditation experience is associated with differences in default mode network activity and connectivity[J]. Proceedings of the National Academy of Sciences of the United States of

America, 2011, 108(50): 20254-20259.

[10] LIFSHITZ M, SACCHET M D, HUNTENBURG J M, et al. Mindfulness-based therapy regulates brain connectivity in major depression[J]. Psychotherapy and psychosomatics, 2019, 88(6): 375-377.

[11] HÖLZEL B K, CARMODY J, VANGEL M, et al. Mindfulness practice leads to increases in regional brain gray matter density[J]. Psychiatry research, 2011, 191(1): 36-43.

[12] 唐丽婷，钟家逸，郭丰波 . 大学生手机社交媒体依赖对孤独和睡眠的影响 [J]. 心理学进展，2022，12（5）：1709-1716.

[13] BREWER J A, ELWAFI H M, DAVIS J H. Craving to quit: psychological models and neurobiological mechanisms of mindfulness training as treatment for addictions[J]. Psychology of addictive behaviors: journal of the Society of Psychologists in Addictive Behaviors, 2013, 27(2): 366-379.

[14] MORAHAN-MARTIN J, SCHUMACHER P. Loneliness and social uses of the internet[J]. Computers in human behavior, 2003, 19(6): 659-671.

[15] LI X K, ZHAN P S, CHEN S D, et al. The relationship between family functioning and pathological internet use among Chinese adolescents: the mediating role of hope and the moderating role of social withdrawal[J]. International

journal of environmental research and public health, 2021, 18(14): 7700.

[16] VERRASTRO V, ALBANESE C A, RITELLA G, et al. Empathy, social self-efficacy, problematic internet use, and problematic online gaming between early and late adolescence[J]. Cyberpsychology, behavior and social networking, 2021, 24(12): 806-814.

[17] PHAN K L, FITZGERALD D A, NATHAN P J, et al. Association between amygdala hyperactivity to harsh faces and severity of social anxiety in generalized social phobia[J]. Biological psychiatry, 2006, 59(5): 424-429.

[18] GOLDIN P R, GROSS J J. Effects of mindfulness-based stress reduction (MBSR) on emotion regulation in social anxiety disorder[J]. Emotion (Washington, D.C.), 2010, 10(1): 83-91.

[19] DESBORDES G, NEGI L T, PACE T W, et al. Effects of mindful-attention and compassion meditation training on amygdala response to emotional stimuli in an ordinary, non-meditative state[J]. Frontiers in human neuroscience, 2012, 6: 292.

[20] FREDRICKSON B L, COHN M A, COFFEY K A, et al. Open hearts build lives: positive emotions, induced through loving-kindness meditation, build consequential personal

resources[J]. Journal of personality and social psychology, 2008, 95(5): 1045-1062.

[21] JACOBS T L, EPEL E S, LIN J, et al. Intensive meditation training, immune cell telomerase activity, and psychological mediators[J]. Psychoneuroendocrinology, 2011, 36(5): 664-681.

[22] BLACKBURN E, EPEL E. The telomere effect: A revolutionary approach to living younger, healthier, longer[M]. New York: Grand Central Publishing, Hachette Book Group, 2017.

[23] KILLINGSWORTH M A, GILBERT D T. A wandering mind is an unhappy mind[J]. Science (New York, N.Y.), 210, 330(6006): 932.